本书由国家自然科学基金项目（No.61471252），

江苏高校品牌专业建设工程资助项目（TAPP，项目负责人：朱锡芳，项目编号：PPZY2015B129），

常州工学院-"十三五"江苏省重点学科项目-电气工程重点建设学科，

2016年度江苏省高校重点实验室建设项目-特种电机研究与应用重点建设实验室，

常州市科技计划资助项目（No.CJ20160054），

江苏高校文化创意协同创新中心重点项目（No.XYN1505），

常州工学院自然科学基金重点项目（No.YN1504），

江苏省建设系统科技项目（2016ZD85）资助出版

5G与认知网络的融合

5G YU RENZHI WANGLUO DE RONGHE

崔翠梅 著

江苏大学出版社
JIANGSU UNIVERSITY PRESS

镇江

图书在版编目(CIP)数据

5G 与认知网络的融合 / 崔翠梅著. — 镇江：江苏大学出版社，2017.10(2018.8 重印)
ISBN 978-7-5684-0640-6

Ⅰ. ①5… Ⅱ. ①崔… Ⅲ. ①无线电通信－移动通信－通信技术 Ⅳ. ①TN929.5

中国版本图书馆 CIP 数据核字(2017)第 258271 号

5G 与认知网络的融合

著　　者/崔翠梅
责任编辑/王　晶　吴昌兴
出版发行/江苏大学出版社
地　　址/江苏省镇江市梦溪园巷 30 号(邮编：212003)
电　　话/0511-84446464(传真)
网　　址/http://press.ujs.edu.cn
排　　版/镇江华翔票证印务有限公司
印　　刷/镇江文苑制版印刷有限责任公司
开　　本/890 mm×1 240mm　1/32
印　　张/7.25
字　　数/240 千字
版　　次/2017 年 10 月第 1 版　2018 年 8 月第 2 次印刷
书　　号/ISBN 978-7-5684-0640-6
定　　价/42.00 元

如有印装质量问题请与本社营销部联系(电话：0511-84440882)

前　言

随着移动互联网与物联网的迅猛发展,个人无线设备的数量呈现指数级增长,人们对无线多媒体业务愈发青睐。据预测,到2020年,移动通信网络将面临1 000倍容量和100倍连接数增长的巨大挑战,而随之产生的频谱数据也将急剧增加,频谱大数据的存在已成事实。此外,由于频谱是有限的自然资源,如何在有限的频谱资源上满足上述爆炸式增长的宽带无线多媒体业务需求,已成为宽带无线移动通信技术发展面临的巨大挑战。所以,为解决频谱日益稀缺这—制约未来5G移动通信网络发展的主要瓶颈问题,如何更科学地规划和配置高动态频谱资源,通过频谱共享、频谱监控促进频谱节约利用和智能化动态资源分配以提升频谱利用效率和能量效率,已成为无线电管理工作的重要课题。而认知无线电(Cognitive Radio,CR)与认知无线网络(Cogntive Radio Networks,CRNs)的创新思想为解决这一难题提供了新思路。

认知无线电以灵活、智能、可重配置为显著特征,通过感知外界环境,并使用人工智能技术从环境中学习,有目的地实时改变某些操作参数,使其内部状态适应接收到的无线信号的统计变化,从而实现任何时间、任何地点的高可靠通信,以及对异构网络环境有限的无线频谱资源进行高效地利用。其核心思想是通过频谱感知和系统的智能学习能力,实现动态频谱分配和频谱共享。将认知无线电的思想和技术引入未来5G无线网络和系统中,使网络系统中的节点具备认知能力和重新配置能力,能够自适应地改变网络传输参数来适应无线环境的动态变化,从而使无线网络动态频谱接入、分配与共享更加智能化。同时,它将推动未来 5G 无线移动通信数量级提高系统容量、传输速率、频谱效率和功率效率,以及超短时延的实现。因此,了解认知无线电的相关概念、原理,以及其在未来无线网络的应用等方面的知识已成为通信领域专业人员必不可少的知识需求。

本书从科研和实际应用的角度出发,全面、系统地介绍了认知无线电、认知网络与 5G 关键技术的最新发展,以及相关研究工作。全书共分 10 章,系统地介绍了认知无线电、认知网络的概念,认知无线电的功能,包括频谱感知、频谱分析与频谱决策、频谱共享、频谱移动性管理;一些重要的研究主题,包括认知网络的协同频谱感知,认知网络的跨层设计,认知网络的路由协议,以及 CR 与 5G 的融合等。

在书稿完成之际,非常感谢我的导师们。首先,要感谢博士导师苏州大学汪一鸣教授在科研路上的悉心指导和关怀,本书的科研内容多是在汪老师的指导下完成,她在认知无线电、认知网络方面提供了很多引人深思的意见。其次,要感谢博士后合作导师东南大学移动通信国家重点实验室金石教授提供的良好的科研环境和积极进取的学术氛围,以及他在机器学习与人工智能方面敏锐的学术洞察力给予我的启发和思考,这些为本书的顺利完成提供了有力的保障。最后,要感谢我在美国史蒂文斯理工学院学习期间的导师 Prof. Hong Man,感谢他在认知机会路由及 NS3 网络模拟方面给予的指导,让我接受了先进的科研理念;他们对科研工作的执着与热忱,拓展深化了我国际化的科研素养。

　　本书的部分资助来源于国家自然科学基金项目（No. 61471252），江苏高校品牌专业建设工程资助项目（TAPP：PPZY2015B129），"十三五"江苏省重点学科项目－电气工程重点建设学科，江苏省高校重点实验室建设项目－特种电机研究与应用重点建设实验室，常州市科技计划资助项目（No. CJ20160054），江苏高校文化创意协同创新中心重点项目（No. XYN1505），常州工学院自然科学基金重点项目（No. YN1504），以及江苏省建设系统科技项目（2016ZD85）。

　　本书的内容是结合作者近些年的科研成果编写，限于作者水平，加之时间仓促，书中难免存在不足之处，恳请同行专家与读者给予批评指正，以便在今后的再版中不断完善与改进，作者将不胜感激！

崔翠梅

2017 年 4 月

目 录

第1章　认知无线网络概述

随着无线通信技术的飞速发展,以及未来 5G 网络结构的复杂性,具有不同接入技术的网络互融共存,用户端的业务需求更加多元化,如何在复杂的异构网络环境下为用户提供泛在的网络接入、高质量的服务水平已成为亟待解决的问题。认知无线网络的出现为此提供了可行思路,同时也为提高无线资源的利用率和频谱效率提供了有效的解决方案。本章将介绍认知无线网络的研究背景和意义,以及当前该领域内与本书相关工作的国内外研究进展和研究成果;认知无线网络的相关概念及其相关技术;认知无线网络路由设计的研究进展及其面临的技术挑战;认知网络应用领域及前景。

1.1　引　言

随着第四代无线移动通信系统(4G)标准的日益成熟及全球正在进行的 4G 网络的大规模部署,移动互联网进入高速发展期。平板电脑和智能电话等移动端的持续普及促进了新型无线多媒体业务的不断涌现,全球范围内移动通信用户数迅猛增长,加之物联网产业持续蓬勃发展衍生出海量的超越人与人链接的无线业务需求,都对无线数据传输能力提出了更高的要求。据预测,到 2020年,移动通信网络将面临 1 000 倍容量和 100 倍连接数增长的巨大挑战,同时还需满足用户友好接入、网络本身灵活升级部署和低成本运营维护等需求。面向 2020 年之后的人类信息社会需求的 5G 宽带移动通信系统将成为一个多业务、多技术融合的异构网络系统,通过技术的不断创新,满足未来广泛的数据业务及连接数的发展需求,并进一步提升用户的体验[1,2]。

为了实现上述 5G 网络数据流量大、用户规模大、数据速率高、永远在线的需求目标,仅靠技术进步带来的增益是有限的,还需要探求更多的无线通信频段,即解决电磁频谱日益稀缺这一制约 5G 网络发展的主要瓶颈问题,以满足"以用户为中心"的未来移动通信要求。同时,由于未来 5G 网络具有广域、超密集、高动态,以及多样化的复杂异构等特点,单纯依靠增加公共通信频谱资源来解决问题的传统静态资源分配方式已无法满足 5G 发展的需要。为了进一步满足未来 5G 网络高速化、灵活化、智慧化需求,应对未来移动信息社会难以预计的快速变化[3],如何更科学地规划和配置高动态频谱资源,通过频谱共享、频谱监控促进频谱节约利用和智能化动态资源分配以提升频谱利用效率和能量效率,已成为无线电管理工作的重要课题。而建立在认知科学、计算科学、信息与控制及无线通信等理论基础之上的认知无线电概念的引出,以及认知无线网络、动态频谱接入(Dynamic Spectrum Access, DSA)和智能频谱分配的提出,正是对这一领域传统理念和技术的创新和挑战。

认知无线电研究是随着人们的认识不断深化逐渐展开的,早期主要集中在若干个认知用户(Cognitive Radio User, 又称次用户: Secondary Users, SUs)如何进行频谱感知、频谱接入和频谱共享的探讨上,而当多个授权用户(License User, 又称主用户: Primary Users, PUs)和认知用户分别组成网络之后,人们意识到授权无线网络和认知无线网络本身的网络拓扑与架构,以及这两类网络之间的纵横交错的复杂关系都需要深入研究。认知无线网络是认知无线电的网络化,即采用认知无线电技术的通信节点可以独立组网,或者与现有无线网络(移动蜂窝网络、无线局域网、无线 Ad hoc 自组织网等)共同组网。认知无线网络并没有授权使用某个特定的频段,而是智能伺机接入未被使用的空闲频段。因此,它具有高度的智能性,能够感知当前网络的环境信息并且能够分辨当前的网络状态,并根据其状态进行相应的学习、决策和响应,从而自适应网络环境的动态变化。

　　未来 5G 网络的发展将使城市区域电磁传播环境变得极为复杂,电磁波传输密集、遮挡、多径反射、同频干扰等现象非常严重,使得传统的大距离固定站监测手段难以快速完成各项精确的监测任务。对一些需要保护的重点区域难以被覆盖,对各种弱功率信号、突发的干扰信号、短持续信号等难以截获和跟踪定位,这对于无线电频谱的准确监测是一个很大的挑战。其次,未来 5G 网络中所监测的频谱数据将呈现出大数据特征,主要表现在:时间 – 频率 – 空间等多维度的频谱数据量巨大(Volume);网络环境的高动态、高容量蕴含高速频谱数据流(Velocity);频谱数据来源和类型呈现出多样性(Variety);干扰、欺骗和虚假数据造成的不真实性(Veracity);面向频谱高效利用,频谱秩序管理等需求的高价值(Value)等。如果对所需感知的海量频谱大数据仅采用普通的协同感知方法,不仅频谱感知准确性和时间敏捷性等性能不会明显改善,而且会使信息处理复杂度及感知成本大幅增加。此外,频谱动态接入带来的节点可用信道随时间和空间变化的特性,使得认知无线网络路由问题呈现出不同于传统无线网络的特点,路由研究成为认知无线网络研究的一个重要方面。

　　因此,未来 5G 网络应该具有自学习和推理预测能力,其动态频谱资源分配算法和路由算法应适应复杂异构和动态变化的网络环境,优化频谱与功率分配,实现高效利用网络资源的目标。但目前的 5G 网络尚未具备这样的学习能力和自适应性,相关研究工作也才刚刚开始,加上目前缺乏成熟、统一的 5G 网络实验平台或原型系统可供借鉴,在研究中通常要对涉及的场景进行设定,该设定对资源分配算法和路由策略的形成、优劣的评判、标准的制定都有很大影响。以上种种都表明对未来 5G 网络频谱资源分配与管理,以及机会路由的研究既具有必要性,又充满挑战性。

1.2 认知网络基本概念

1.2.1 认知无线电

认知无线电和认知无线网络被认为是提高频谱利用率和频谱效率,解决当前频谱资源紧张问题的关键技术。

随着无线通信业务的不断升级需要更多的带宽来保证,这就对无线频谱资源使用提出了更多要求,导致频谱资源的紧缺。根据美国联邦通信委员会(Federal Communications Commission, FCC)对 3GHz ~6GHz 频谱资源使用的测量结果,发现在任意时间任意地点都有大量已授权频谱处于空闲状态。在目前的固定分配方法下,频谱资源的利用存在高度的不均衡性,一些授权频段的占用非常拥挤,而另一些授权频段则非常空闲[1]。即使主用户在某一时间、地点没有使用其授权频谱,其他非主用户也不能使用该频段,从而导致频谱资源在时间上和空间上的浪费。这一事实说明频谱资源的"紧缺"并不是因为物理上的可用资源短缺,而是由不合理的频谱管理分配政策造成的。

为了解决上述矛盾,认知无线电[4]的概念应运而出,并引起了业界的极大关注。CR 的基本思想:通过不间断的监视和检测目标频段,在不对主用户造成干扰的前提下,认知用户可以"伺机"接入这些空闲频谱。而一旦主用户需要使用该频段,认知用户必须立刻采取退避措施,退出该频段,以避免对主用户产生干扰。认知无线电技术通过对授权频谱在空间、时间、频率等多维度上进行见缝插针的"二次利用",可以有效解决有限的频谱资源的动态使用问题,极大提高频谱资源复用率。

认知无线电的概念是 1999 年由被誉为"软件无线电之父"的 Joseph Mitola 博士在其发表的一篇论文[4]中首次提出的,但发展至今,其研究和应用都不再局限于最初的范畴,不同的研究者从不同的角度给出认知无线电的定义和内涵。Mitola 于 2000 在他的博士论文[5]中进一步阐述了 CR 定义:"CR 这个术语确定了一个观点,即无线个人数字助理和相关的网络具有对于无线资源和相关的计算机与计算机之间通信足够的计算智能,包括检测用户的通信需求并且提供满足这些需求的最适当的无线资源和服务"。这一较为理想化的定义中,人工智能扮演了重要的角色,但这与现在的技术水平存在一定的差距。此外,CR 认知功能的实现主要体现在应用层或更高层的学习和推理能力,以及相应的具有认知功能的物理层和链路层体系结构的有效支撑。弗吉尼亚技术中心指出[6] CR 不一定需要软件定义无线电(Software Define Radio,SDR)的支持,对传统无线电系统的物理层(Physical Layer, PHY)和媒体接入控制(Media Access Control, MAC)子层的演进过程,采用基于遗传算法的生物启发认知模型建模,更适用于需快速部署的灾难通信系统。但他们仅考虑了单个 CR 引擎节点的操作,没有涉及引擎节点在 CR 网络中的行为。

2004 年 5 月,FCC 正式发布的 NPRM(Notice of Proposed Rule Making)[7] 中给出了 CR 的相对狭义的定义:"CR 是指能通过与工作的环境交互,动态改变其发射机参数的无线电设备,具有环境感知和传输参数自我修改的功能。CR 的主体可能是 SDR,但对 CR 设备而言,不一定必须具有软件或现场可编程的要求。"同时,开放电视广播频段作为基于认知无线电技术研究的实验频段,为基于认知无线电的研究工作提供了有利条件,促进了认知无线电技术的快速发展。

2004 年 11 月,美国电气电子工程师学会(Institute of Electrical and Electronics Engineers, IEEE)正式成立 IEEE 802.22 工作组,它是世界上第一个基于认知无线电技术的空中接口标准化组织,其目标是开发和建立一套基于 CR 技术的无线区域网(Wireless Regional Area Network, WRAN)空中接口的物理层和媒体接入控制层标准。该 WRAN 系统作为非主用户系统以一种"伺机"的方式接入到 VHF 和 UHF(54MHz ~ 862MHz,扩展频率范围 47MHz ~ 910MHz)广播电视的频段,在不对广播电视用户造成干扰的前提下,为农村和偏远地区,以及人口密度低、服务困难的地方,实现无线宽带接入,充分提高频谱利用率。

其他的标准化组织也积极参与到 CR 技术的研究和标准化进程当中,2004 年 12 月成立的 802.16h 工作组[8],致力于使 IEEE.16 系列标准可以在免授权频段得到应用,并降低对其他基于 IEEE.16 免授权频段服务用户的干扰。2005 年成立的 IEEE P1900 标准组致力于进行与下一代无线通信技术和高级频谱管理技术相关的电磁兼容研究[9]。该工作组制定的 IEEE 1900.1[10]将 CR 定义为"一个能够感知外部环境的智能无线通信系统,能从环境中学习,并根据环境的动态变化调整其内部状态,以获得预期的目的。"此观点认为 CR 可以采用人工智能技术,也可以采用一些简单的控制机制来实现。此外,国际电信联盟(International Telecommunications Union, ITU)和软件无线电论坛(SDR Forum)等组织也成立了 CR 工作组或者通过了发展 CR 的议案。

学术界同样认识到了 CR 的巨大潜力,2005 年 2 月, Simon Haykin 在关于认知无线电的综述性文章[11]中提出:"CR 是一种智能的无线通信系统,它能够感知外界环境并且利用人工智能技术从环境中学习,通过实时改变某些工作参数,使其内部状态适应它所接收到的无线信号的统计性变化,从而实现随时随地高可靠性的无线通信,以及对频谱资源的有效利用。"根据这一定义,他还从信号处理的角度总结了 CR 技术的三个关键问题:无线环境分析、信道状态估计与预测建模、发射功率控制与动态频谱管理。他针对这些关键问题提出了一些解决方法和可能的研究方向,给出了这三个关键问题构成的认知环模型,如图 1-1 所示。

由认知无线电的定义可以看出,它应当具备的两个重要特征是认知能力和重配置能力[12]。认知能力是指认知无线电能够实时与周围环境进行交互,以探知特定时间和空间的空闲频谱资源,调整适合的通信参数以自适应无线射频环境。认知能力的实现涉及频谱感知、频谱分析和频谱决策三个基本任务。在频谱感知任务中,认知无线电监视可用频带,捕获频谱信息,检测可用频谱空穴。在频谱分析任务中,分析频谱空穴的相关特性。在频谱决策任务中,认知无线电根据可用频谱的特性和用户的服务质量(Quality of Service,QoS)需求,调整发射机传输参数并为当前的传输选择适合的工作频段。重配置能力是指认知无线电能够不改变任何硬件部分而调整工作频率、调制方式和发射频率至最优参数。

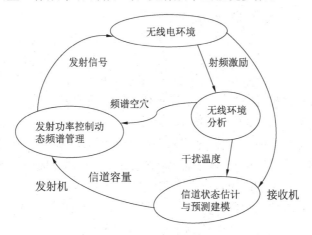

图 1-1 Simon Haykin 认知环模型[11]

在 Mitola、Haykin 等提出的认知无线电框架下,一些世界著名高校开展了具体的研究工作,如加州大学伯克利分校、佐治亚理工大学、荷兰的代尔夫特理工大学、德国柏林技术学院等都已经在该领域取得了不错的研究成果。Ian F. Akildiz 等在 2006 年发表的文章中概述了基于 CR 的下一代网络[13]。此外,近年来,国际上成功召开了几届有关认知无线电技术和动态频谱分配的国际学术会议,如 2006 年 6 月首届"面向无线网络和通信技术的国际认知无线电技术大会——认知无线电 Crowncom2006"于希腊召开,会议产生了许多 CR 网络化的新概念及研究内容。其他的比较有影响力的国际会议,如 DySPAN、GLOBCOM、INFOCOM、ICC、WCNC、VTC也都开辟了认知无线电专题,发表了大量高质量的论文。

我国对认知无线电的研究始于 2005 年,如北京邮电大学、清华大学、电子科技大学、浙江大学等高校已经加入到这一领域的研究工作当中。国家 863 计划在 2005 年首次支持了认知无线电关键技术的研究。目前的研究课题主要集中于认知无线电系统中的合作及跨层设计技术、空间信号检测和分析及 QoS 保证机制等。此外,像华为、中兴等国内知名的通信企业也参与了 IEEE 802.22 标准制订的相关工作。

可以说,认知无线电已经成为一个非常热门的研究领域,并被广泛看好为无线电领域的"下一件大事情"。目前,国内外对认知无线电的研究已经全面展开。其中几个主要的研究方向包括认知无线电的协议体系与网络架构、认知无线电的频谱感知、认知无线电的传输协议、认知无线电的频谱资源分配技术等。

1.2.2 认知无线网络

认知无线网络[14-16]是认知无线电的网络化,其本质是将认知特性纳入到无线通信网络的整体中去研究。它的一般网络架构如1-2 所示,这个网络由授权网络和认知无线网络构成。认知无线网络以端到端性能为目标,它允许无线通信协议栈被动态重构,如图1-3 所示[12]。认知无线网络所涵盖的研究内容涉及网络架构的设计、从物理层到应用层及不同层间的跨层设计等多方面的技术。而认知无线电是以无线链路性能为目标,侧重于物理层和媒体接入层的研究。

2005 年著名学者 Thomas 首次给出了认知无线网络的定义[17]:认知无线网络具有认知能力,以获得当前网络状态并基于该状态进行计划、决策和行动,基于这些行动激发学习行为,对后续行为进行指导,以实现端到端传输性能为最终目标。2008 年 Song 提出大规模认知网络的概念[16],并将能获得频谱可用性和基站可用性的大规模无线网络并入智慧星球的普适系统中,为认知网络的规模化发展开拓了新空间。2009 年著名学者 Ian F. Akyildiz 提出了认知无线自组织网络(Cognitive Radio Ad Hoc Networks, CRAHNs)的概念[14],该概念将自组织网络和认知无线电技术有效融合,将频谱感知、频谱决策、频谱移动和频谱共享的认知无线电功能融入无线自组织网络的网络层模型中,这为认知无线自组织网络的后续探索开启了新的研究思路。

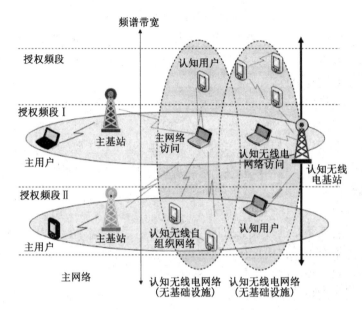

图 1-2　认知无线网络架构[12]

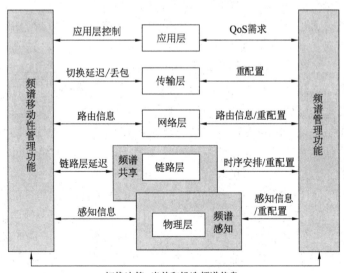

图 1-3　认知无线网络通信协议栈[12]

1.2.3　认知无线自组织网络(CRAHNs)

随着下一代无线网络对于网络规模、传输范围的需求,以及认知无线电技术的快速发展,认知无线网络技术的产生进一步推动了认知无线电设备的网络化传输。相对于认知无线网络单跳拓扑的网络模式和频谱资源中心式控制等特征,认知无线自组织网络作为 CRNs 的一种组网模式,具有多跳传输、拓扑结构松散、可扩展性强和分布式自适应频谱管理的优势[19]。文献[20]对目前CRAHNs 的研究进展给出了较全面的阐述。它的网络架构同样由两部分组成:主用户网络和认知无线自组织网络。主用户网络是由具有授权频谱的用户组成,若主用户网络有基站,则主用户的操作通过其基站进行集中控制,由于它有频谱接入优先权,所以认知节点不能干扰主用户在授权频谱上的正常通信。与之共存的认知无线自组织网络是由不具有授权频谱的认知节点组成的,认知节点与主用户共享频谱的使用。每个认知节点具有感知频谱可用性及动态调整传输参数的功能,采用机会频谱接入(Opportunistic Spectrum Access,OSA)的方式接入授权频谱,即主用户不使用授权频谱时,认知节点才可接入,一旦主用户重新占用该频谱,认知节点不得不及时避让,避免干扰主用户的正常使用。此外,认知节点可以在授权和非授权信道进行移动多跳通信,通常认知无线自组织网络被认为是独立的网络,它与主用户网络没有直接通信信道,它的行为仅能依赖于对环境的本地观察。同时由于认知无线自组织网络中认知节点在时、空、频域自主认知和分布式决策的特性更符合认知无线电机会性利用频谱的理念,因此,认知无线自组织网络能够实现频谱资源在时、空、频多维度上更加高效的利用。

CRAHNs 是 CR 技术在传统无线自组织网络领域的创新性扩展。传统无线自组织网络(Wireless Ad Hoc Network)是一种典型的分布式无线网络[21],它具备可扩展性、抗毁能力及灵活的组网能力。从网络结构看,该网络不依赖于预先设定的中心控制设备,而是由转发数据的节点确定网络动态;从节点关系看,网络中所有节点处于同等级别,且能自由与其传输范围内的节点通信;从设备层面来看,通常网络设备具有维护一跳链路状态的能力。因此,认知无线电技术与传统无线自组织网络结合而形成的认知无线自组织网络技术能在提高频谱利用率的基础上提供一个组网灵活,具备可扩展性、鲁棒性及端到端连通的网络制式。然而,由于 CRAHNs 处于频谱可用性未知、路由拓扑变化频繁的环境中,认知节点不应给主用户带来有害干扰。因此,如何在 CRAHNs 中建立稳定、高效的端到端数据传输成为该技术区别于传统无线自组织网络的关键技术挑战。

CRAHNs 区别于传统无线自组织网络主要体现在以下四个方面[19]:

(1) 无线频谱选择

在传统无线自组织网络中,通信信道是预先设定的,且在通信过程中保持不变。传统无线自组织网络具备多信道接入支持,且信道资源在通信期间持续可用,而 CRAHNs 的可用频谱在时、空、频三个维度上持续变化。因此,为了避免对主用户网络造成干扰,CRAHNs 中的认知节点需要在时、空、频三个维度上对可用频谱选择接入。

(2) 拓扑结构控制

无线自组织网络无中心控制特性,节点仅能通过感知无线射频环境发现可用频谱。传统自组织网络节点利用周期性的信号消息来获得拓扑信息,而 CRAHNs 网络节点由于无法在所有授权频段上发送信息而不能获取全局网络拓扑信息,因此可能会给主用户的传输造成干扰,与其他认知节点产生碰撞冲突。

(3) 多频谱传输

传统无线自组织网络中所有节点在路由中采用单一频谱,而 CRAHNs 网络节点可能采用不同频谱。此外,CRAHNs 的频谱利用还将取决于主用户的活动。当主用户占用当前使用频谱,认知节点需立即切换至其他频谱通信。

(4) 主用户造成的特殊移动性

传统无线自组织网络中,传输路径中断多由路径上节点的移动性所引起,该行为可通过下一跳节点发消息来判断。然而,在CRAHNs中,认知节点感知到频谱资源被主用户占用时无法及时告知其他认知节点。因此,需要对节点移动性造成的路由中断进行推断并实现有效自恢复。

由此可见,传统无线自组织网络技术已经无法适用于CRAHNs需求。目前国内外关于CRAHNs的研究主要集中于物理层传输技术、无线资源管理等关键技术方面,但从发展的趋势来看,网络层路由协议、传输层协议、跨层设计及优化技术等将是下一步研究的热点。

1.3 认知网络关键技术

1.3.1 频谱感知

频谱感知是实现认知无线电技术及应用,构建认知无线电网络的核心技术。CR通信的一个重要前提是具有频谱感知能力,要求能够在某时、某地准确感知是否存在空闲频谱,以供认知节点使用;同时还应实时监视和检测特定频段上是否有新的主用户需要接入,以使认知节点及时退出所用授权频段,避免对主用户造成干扰。现有的频谱感知技术可分为三类[22]:主用户发射机检测、主用户接收机检测及干扰温度检测。由于主用户接收机检测和干扰温度检测的实现复杂度较高,所以目前大多采用主用户发射机检测。目前基于主用户发射机检测的频谱感知技术主要包括匹配滤波检测、能量检测、循环平稳特征检测、协方差盲检测、延时相关性检测、两步检测等等。其中,能量检测因不需要预先知道主用户信号的特征(如信号调制方式、导频信号等),而且计算复杂度很低,易于实现,成为目前相关研究成果最多的频谱感知技术。

上述基于主用户发射机检测的各种频谱感知方法均属单节点本地感知方法,但复杂多变的无线传播环境中诸如阴影、衰落和噪声不确定性等不利因素的影响,使得本地频谱感知方法的感知性能衰退。为解决此问题,各种协同频谱感知方法[23-25]纷纷涌现,这些方法利用空间分集和多用户分集提高了全局检测性能。从统计意义上讲,由于用户空间位置的差异性,所有 CR 用户均被相同障碍物遮挡的概率明显小于单个 CR 用户被遮挡的概率,多个用户协同检测可有效克服复杂无线传播环境的影响。表 1-1 给出了本地感知与协同感知之间的区别。

表1-1　本地感知与协同感知

感知方法	优点	缺点
本地感知	计算量小、实施简单	隐终端问题、多径及阴影影响
协同感知	可靠性高、速度快可以有效克服阴影及隐终端问题	复杂度高需要控制信道、系统开销增大

目前关于协同频谱感知的研究成果[26-32]已经很多,也比较成熟。其实现方式可分为集中式感知、分布式感知[33]和混合式感知[123](集中式与分布式的结合)。在集中式协同感知方式 CRN 中的中心控制节点(或称融合中心/基站)负责搜集各个感知用户的信息,进行融合判决,然后广播可用频谱信息;而分布式协同感知无控制中心,相邻的认知用户通过信息交换彼此分享频谱感知信息,然后各个认知用户自己进行融合判决,从而提高正确感知的概率;在混合式感知中,网络中心控制节点的主要作用是提供 CR 网络与骨干网的连接,频谱分配由被分成组的节点在组内通过 Ad hoc 方式自行协商,组间通过竞争占用频率。

协同频谱感知问题从本质上可以认为是选取门限判决准则和信息融合准则的问题。不同的门限判决准则和信息融合方式会对系统检测性能产生不同的影响。根据感知信息融合的方式不同,可以将常见的融合算法分为硬判决融合[34]和软判决融合[35,36]两种。硬判决融合通常采用"OR""AND""K-out-of-N"或者混合式原则。硬判决虽然实现简单,但不能充分反映各个协同用户本地检测的所有信息。软融合方式的性能要明显优于硬判决融合,同时需要更大的控制带宽,所以协同频谱感知的性能和所需的网络开销(控制信道的带宽)相互制约。提高协同感知的性能还有两种常见的协同感知算法,一种是基于中继协议的协同感知算法[37-41],它适合于分布式系统,受到深度衰落影响或接收信号能力较弱的认知用户通过寻找接收信号能力较强的认知用户作为中继节点的方法来检测主用户是否工作。另一种是基于簇结构的协同感知算法[42,43],实际上它是包含硬判决融合和软融合的混合式融合算法。

1.3.2 频谱共享

频谱共享[44]是指基于频谱感知的结果进行频谱分配和频谱接入,以实现频谱资源的高效利用和公平调度。根据文献[12],频谱共享方法主要分3类。根据网络架构可分为集中式频谱共享和分布式频谱共享,集中式频谱共享是中心控制实体来控制协调认知节点进行频谱分配和接入,而分布式频谱共享是认知节点基于本地动态频谱观测自行决定频谱接入策略。根据频谱接入行为可分为协作频谱共享和非协作频谱共享,协作频谱共享指认知节点基于共同目标决策以实现全局利益最大化,而非协作频谱共享是指各认知节点以各自利益最大化为目的。

频谱分配策略对于系统的频谱利用率、系统总容量及用户的QoS水平有决定性的作用。目前频谱分配可以分为静态频谱分配和动态频谱分配。

动态频谱接入技术也可以称为频谱分配,是指根据请求接入无线通信系统认知用户的数量采取相应的策略,将授权频段作为新的频谱资源分配给指定认知用户的过程。它能够在已检测到"空闲授权频谱"的基础上,动态有效地利用空闲频谱,以提高有限的频谱资源的利用率。此技术中当主用户不占用其授权频段时,可以租赁给其他用户使用以增加频谱效益,而认知用户,可以在没有被授权的情况下灵活使用某些授权频段。

静态频谱分配是指将频谱资源按照固有的频谱分配策略,分配给主用户,主用户不具备将空闲频段租赁给认知用户使用的能力。静态频谱分配在实现和管理的进程中较为简单,但缺乏灵活性,可能会造成频谱紧缺和利用率低现象。而动态频谱接入技术为有效利用空闲频段提供了新的技术方案。动态频谱接入技术使无线频谱资源不再是固定由某一主用户使用,而是可以灵活分配给其他用户,增大了系统的容量,提高了频谱的利用率。

动态频谱接入技术的核心在于通过信道分配、干扰抑制、功率控制等手段有效地利用授权或非授权频段,使得频谱利用率提高、通信开销减小。动态频谱接入技术是实现认知无线电认知能力的重要途径。根据频谱接入技术可分为重叠频谱共享和底层频谱共享。重叠频谱共享方案要求认知节点只有在主用户不使用授权频段时,认知用户才可以占用该频段进行通信。在该方式下,认知用户完全避免了对主用户通信造成干扰。底层频谱共享方案允许认知节点与主用户同时使用其授权频段,但认知节点要调整其发射功率在干扰范围内,保证不会给主用户带来干扰。

1.3.3　跨层设计及优化

宏观来说,跨层设计通过不断地挖掘协议栈各层之间的依赖性来提高网络性能。这意味着在不同的层之间将产生新的接口,设计本层协议时要考虑到其他层的设计方式、以此联合控制层间参数等。认知无线网络性能的优化面临多目标之间的折中,这种折中可通过跨层设计来实现。跨层设计是认知无线网络中协议设计的一个重要方向,由于 CRNs 中各节点的可用频谱资源具有差异性和动态性,与传统无线网络中固定的可用频谱不同,因此需要联合协议栈中的多层来设计,以获得较好的网络性能。

根据目前的研究,CRNs 中的跨层设计主要涉及两大方面的内容:① 物理层与 MAC 层的跨层设计,如基于功率控制[45]、基于频谱感知信息来进行频谱接入和分配[46]、频谱感知策略与分组调度联合[47,123]等。如在频谱动态变化的网络中,可用频谱的集合及信道条件都在不断发生变化,功率控制只有结合各信道状况及上层的用户需求,才能更有效地调整认知节点的发射功率,从而对主用户进行保护,并提高认知网络的系统吞吐量和信道利用率。② MAC 层与网络层的跨层设计[48-49],如路由与频谱选择结合[50]。在两者的结合程度上,可以考虑去耦合与紧耦合两种方式。去耦合方式是指路由选择与频谱分配各自优化;而紧耦合方式是指路由选择与频谱分配以并行的关系考虑优化,即选择路由的同时考虑可用频谱资源的分配。

跨层优化是指根据跨层设计中确定的性能优化目标、需要联合优化的跨层参数、系统的约束条件等建立准确的优化模型,并根据该模型来调整网络相关协议层的参数,从而达到优化系统性能的目的。在跨层优化中,也面临着很多问题,主要有以下三个方面[51]:① 跨层信道的有效描述。层与层之间信息的交互是跨层设计实现的前提条件。如何合理地描述层与层之间的交互信息,使其他层正确理解跨层信息所表达的含义是跨层优化首要解决的问题。② 动态目标函数模型的建立。在认知无线网络中,可用频谱的频繁改变、信号间的干扰及动态频谱分配等引起的无线传输环境变化,将使跨层优化的目标函数是一个十分复杂的非线性函数,难以用一个固定的数学模型来描述。③ 多目标优化问题。系统的整体性能通常包括多个目标,如何协调多个优化目标,实现系统性能的整体优化是跨层优化阶段需要解决的又一问题。

1.3.4　频谱管理

认知网络为了满足用户的服务质量需求,需要在整个可用频段中选出最佳的频带,因此认知网络需要一种新的频谱管理功能。在认知无线电系统中,由于空闲频谱资源的动态变化特性,要求认知用户必须具备自适应的频谱管理功能,即智能频谱管理该技术中主要包括频谱分析、频谱决策和移动性管理等[52]。

（1）频谱分析

由于空闲频谱资源的动态变化特性,认知用户需要对空闲频谱资源进行全面准确的特征分析,并根据认知用户的业务需求为其分配合适的空闲频段。可用频谱的主要特征包括:

① 干扰水平:通过对主用户接收端干扰温度的测量,可以计算出认知用户的最大允许发射功率,以及该频道的信道容量。为了保障认知网络的整体效用,还需同时考虑对其他认知用户节点的干扰水平。

② 路径损耗:路径损耗随着工作频率的增加而增大。如果认

知用户的发射功率不变,那么其传输范围将会随着工作频率的增加而减小。认知用户需要考虑不同频率信号的路径损耗的特性不同,选择合适的频谱资源。若仅仅通过增大认知用户发射功率来弥补路径损耗,则可能造成较大的干扰。

③ 无线链路误码率:根据调制方式和干扰等级不同,信道的误码率会有所不同。

④ 链路层延时:不同的通信环境下,自适应的通信参数调整后,会采用不同的链路层协议,需要分析相应的链路差错、时延特征和用户需求间的关系。

⑤ 信道占用时间:信道占用时间是指认知用户在退出频道前可占用授权用户信道的预期时间长度。为降低认知用户的频谱切换次数,需要分析估计空闲频谱的可用时间长度,结合用户的业务需求选择适当可用时长的频道资源。

(2)频谱决策

频谱决策需要根据认知用户的环境和条件,综合考虑频谱分析中的各项参数,合理为认知用户提供合适频段,同时保证系统整体频谱分配的最优效能。频谱决策功能必须考虑用户的服务质量需求,如数据速率、可接受的误码率、时延限度、传输方式和带宽等。目前对基于优化的决策方式研究较多,例如使用遗传算法设计性能效用函数,在多个性能参数范围内进行优化搜索。这种方法需要耗费较多的计算时间和计算资源,优点是系统工作时不需要历史的经验。

(3)频谱移动性管理

认知用户在通信过程中,若授权用户出现或者信道质量下降到最低接入门限,认知用户需要重新选择信道,这一过程称为频谱切换。认知用户可用频谱资源的变化可能由多种原因引起,如授权用户的出现、认知用户的地理位置发生变化等。频谱切换管理的目的是在不影响认知用户的正常通信的前提下,实现平稳快速的频道切换操作。在频谱切换时,需要尽可能减小对认知用户业务性能的影响,不同层的网络协议必须快速适应新的工作频道和信道参数,从而保证业务信道的快速平滑过渡。在认知无线电系统中,对于时延敏感的业务,高效的切换机制是一个重要的研究课题。当发生频谱切换时,认知网络需要重建认知用户端到端的通信链路,相应的路由协议和传输层协议也需要调整,路由协议的设计除了需要考虑常见的路由协议指标外,还需考虑频谱切换次数、切换时延等参数对通信质量的影响。

1.3.5 机会路由

随着认知无线电技术越来越深入的研究,路由研究成为认知无线网络研究的一个重要方面。由于认知无线网络高动态频谱接入带来的节点可用信道随时间和空间变化的特性,使得认知无线电网络机会路由问题呈现出不同于传统网络路由的特质,因此需要为其设计新的机会路由协议,该协议应能适应复杂和动态变化的认知网络环境,优化端到端的性能,实现高效、可靠利用网络资源的目标。为了全面、清晰地理解目前认知无线网络机会路由协议的设计需求,本节将从信道、认知节点和网络三个角度来详细分析认知无线网络中路由协议设计所面临的主要技术挑战[53]。

(1) 基于信道的挑战

这主要依赖于信道条件和运行环境,包括四个方面的因素。① 可用信道的动态性,该动态性主要依赖于认知节点所处的地理位置、主用户对所授权信道的占用率及各认知节点的空闲可用信道数[50]。由于可用信道的动态性,信道切换、路由重建可能会频繁发生,这必然会增加额外的路由维护开销。② 工作信道的多样性,因为不同频段的信道的数据传输速率和传输范围不同,两认知路由节点至少有一个相同信道才能通信,这必然影响路由的选择。③ 存在两种类型的通信信道。一种是公共控制信道(Common Control Channel, CCC),认知无线网络中的所有节点都可用其发送控制包交互信息如路由请求(Route Request, RREQ)和路由响应(Route Reply, RREP)。另一种是用于发送数据包的数据信道。由于认知无线网络信道的动态性和多样性,用一个专用 CCC 来发送控制包交互信息也许是不可行的,而且也不能反映路由选择的实际特性。

因此,设计一个与认知无线网络信道的动态性和多样性相适应的公共信道路由策略很有必要。④ 路由发现和信道决策的融合。由于可用信道的动态性,路由发现过程并没有信道信息,这可能导致所选路由并不是最优的。因此,路由选择应基于路由选择前的信道信息[14,54,55]。

（2）基于认知节点的挑战

同样主要包括四个方面的因素:① 最小化信道切换和退避时延。由于主用户享有占用授权信道的优先权,无论主用户何时需要重新占用授权信道,认知节点都必须切换信道或等待主用户完成任务而重新通信,这将导致认知节点产生切换时延或退避时延。因此,路由协议设计时需要考虑最小化信道切换时延和退避时延以提高端到端服务质量要求。② 每个广播/多播的多径传输数。由于工作信道的多样性,则每个认知节点的可用信道不一定相同,在某一特定信道的一个单播也不一定能传送到所有相邻的 SUs,所以每个广播/多播应在不同信道上多径传输[56]。随着每个广播/多播可用信道数的增加,传输数量和带宽要求也会增加,然而较多的可用信道数也许对提高吞吐量性能没有贡献,所以路由策略应为每个广播/多播选择合理的传输路径数以减少信道切换和带宽消耗。③ SUs 的异构性。CRNs 可能由具有不同能力(如传输功率和处理速度)的 SUs 组成,因此,路由策略需要考虑 SUs 的异构性以避免能力有限的认知节点形成瓶颈,影响整体端到端性能。④ SUs 的移动性。SUs 的高移动性会减少信道接入时间,从而增加信道切换次数,频繁切换信道必然导致路由重建次数的增加及能量消耗增加。而且如果 SUs 快速移动且无法预测,则对 CRNs 的服务质量及对主用户干扰的最小化同样会带来挑战[57],因此 CRNs 的路由策略也应考虑 SUs 的移动性。

（3）基于网络的挑战

主要有三方面因素:① 跳数和网络范围性能的折中。路由跳数低即单跳传输距离长会导致认知节点对主用户干扰的增加、链路失效频繁、路由维护成本增加及能量消耗增加[58],因此路由策略需要考虑合适的跳数以得到较优的终端性能。② 网络范围能量消耗。在路由发现、路由选择、路由维护及数据包传输四个阶段有着不同程度能量的消耗。③ 快速、自适应频谱路由恢复机制。由认知无线网络可用信道的动态性引发的信道频繁切换要求快速路由恢复。此外,CRNs 路由策略应能够处理各种路由失效事件(如信道切换失效、认知节点失效),以降低路由维护成本。

目前,针对上述挑战,国内外已经涌现很多关于认知无线网络路由策略的研究成果。基于频谱信息的范围[59],认知无线网络路由主要可以分为全部频谱信息路由方案和局部频谱信息路由方案。全部频谱信息路由方案主要依据 FCC 所提供的关于频谱占用的全部频谱信息,利用去耦合的频谱接入模块和图论工具进行路由决策与优化[60-61]。局部频谱信息路由方案主要依据本地感知获取部分频谱占用知识,再结合其他度量进行路由决策与计划。如基于干扰和功率的方法进行端到端的路径选择[62]或下一跳路由节点选择[58];基于时延,综合考虑频谱的动态特性和移动性以选择路由路径[63-64];基于链路质量/稳定性,综合考虑频谱的动态特性和频谱变化的可重配能力选择路由路径[65];基于节点间位置[66-68,173],如认知邻节点距离目的节点的远近程度及频谱可用性而选择路由;另外,还有基于信道选择策略[69-73]、跨层优化[50,60,149]等方法。

纵观以上研究成果,结合分析认知网络的核心内容,可以对目前国内外研究现状形成如下基本认识:① 真正的跨层。CRNs 路由的成功工作,不仅是网络层的问题,还取决于多层间信息的交互。如信息交互的一个重要信息——频谱感知信息需要 PHY 层和MAC 层协作获得,而目前关于路由问题的研究,对这些跨层的参数和特性基本采用割裂开来或绕道而行的方法,没有把路由选择与信道选择很好地结合起来,也没有把路由 QoS 与媒体访问控制方法结合起来,跨层设计的思想体现不够突出。② CRNs 环境和功能的分析模型。实际的多跳认知自组织网络架构所处的电磁环境是复杂多变的,特别是授权网络本身的拓扑结构也具有移动性。

CRNs 的频谱可用性是由 PUs 行为和 SUs 活动共同形成,现存的分析模型仅描述了 PUs 行为,而割裂了 SUs 活动,或仅描述 SUs 移动性,而割裂了 PUs 的活动性。这种模型(如 ON/OFF)条件假设过于简单理想化,准确性低,比较适合理论研究以支持 CRNs 路由策略的设计与评估。③ PUs – SUs 和 SUs – SUs 系统的相互作用。在前面的讨论中对此也介绍较少,基本避开了 SUs 和 PUs 系统间复杂的、直接和间接的相互作用。然而,在实际执行中,尽管已做了很多努力使 SUs 对 PUs 的干扰降至最小,但 SUs 的出现仍会对 PUs 系统产生严重影响。不管从理论还是从纯粹的政策角度,尚没有理由解释为什么 PUs 系统应允许 SUs 系统工作在它的干扰区域内。博弈理论已被证明在类似的无线环境中是解决 SUs 系统相互作用的通用工具,但在 CRNs 路由问题的应用上仍处在初期。④ 原型和试验平台实现。目前,很多工作仍处于实验阶段,迫切需要原型和试验平台实现与认知设备相结合的验证结果,进一步改善模型、算法和系统。⑤ 新的路由度量应被研究设计,传统无线网络的路由度量已不能较好反映认知无线网络的动态特性,因此,认知无线网络路由度量设计应该考虑网络的动态特性及相应的性能参数,以建立一个高效、可靠、稳定的路由。

1.4　认知网络的应用

认知无线电又被称为智能无线电,它以灵活、智能、可重配置为显著特征,通过感知外界环境,并使用人工智能技术从环境中学习,有目的地实时改变某些操作参数(如传输功率、载波频率和调制技术等),使其内部状态适应接收到的无线信号的统计变化,从而实现任何时间、任何地点的高可靠通信及对异构网络环境有限的无线频谱资源进行高效利用。认知无线电的核心思想是通过频谱感知(Spectrum Sensing)和系统的智能学习能力,实现动态频谱分配和频谱共享(Spectrum Sharing)。认知无线电的一个主要应用方向就是将认知无线电的思想和技术引入现有的无线网络和系统中,使网络系统中的节点具备认知能力和重新配置能力,能够自适应地改变网络传输参数来适应无线环境的动态变化,从而使无线网络更加智能化。

1.4.1 军事通信中的应用

通信和摧毁敌军通信的能力对现代军队来说十分重要。我方通信方面,认知无线电能使军事无线电选择任意的中频带宽调制机制和编码机制去适应战场上复杂多变的无线环境,并能允许军事人员为其和相关同盟实行频谱切换来找寻安全频带。在摧毁敌方通信方面,认知无线电能从截获的敌军信号中识别信号类型、信号调制、占用带宽、载波频率、在所选频段上的信号数目、信号统计数据和无线发射源的地理位置。其优势体现在以下几个方面[74]:

(1)提高通信系统容量

无线频谱短缺的问题不仅在民用领域比较突出,在军用领域也是如此。尤其在现代战争条件下,多种电子设备在有限的地域内密集开设,这使得频谱资源异常紧张。并且,随着民用无线电设备的更新换代和用户数量的急剧增加,对频谱的需求也越来越多。某些国家的一些组织已经申请将部分军用频谱划归民用。这一动向无疑将进一步加剧军用无线电频谱资源短缺的问题。而 CR 能够动态利用频谱资源,理论上可使频谱利用率提高数十倍。因此,即便是部分采用 CR,也能较大幅度地提高整个通信系统的容量。

(2)提高频谱管理效率

战场频谱管理是一个非常重要的课题,各国军方都非常重视这一问题的研究。然而,目前基本都采用固定频率分配的形式进行战场频谱分配。从实战情况来看这种方案是不完全成功的。一方面,这种分配方案不但导致频谱资源利用率降低,而且容易导致系统内部或者友军之间互相产生电磁干扰;另一方面,这种分配方案需要在战斗开始前花费大量的时间进行频谱规划。此外,通信频率一旦确定,在战斗状态下,无论发生什么情况都无法更改。因此,在战场形势瞬息万变的现代战争中,固定频谱分配方案容易贻误战机。CR 能够对所处区域的战场电磁环境进行感知,对所需带宽和频谱的有效性进行自动检测。因此借助 CR 可以快速完成频谱资源的分配,在通信过程中还可以自动调整通信频率。这不仅提高了组网的速度,而且提高了整个通信系统的电磁兼容能力。

（3）提高系统抗干扰能力

抗干扰能力是现代战争条件下衡量通信设备的一项重要指标,也是取得战争胜利的重要保障。传统的信道抗干扰技术主要包括扩频、跳频、跳时及由此衍生出的相关技术。CR 不仅具有以上抗干扰能力,而且由于其采用了位置感知技术,与 DBF 技术相结合,通过调整波束方向来抑制干扰。CR 不仅提高了抗干扰能力,而且还可以降低发射功率,提高抗截获能力。认知无线电具有先进的机器学习能力,能够对干扰进行学习和分析,使其能够选择合适的抗干扰策略(选择合适的通信信道、调制方式、发送功率、跳频图案等)对干扰进行主动规避。此外,CR 的工作频段很宽,这也加大了干扰的难度。

（4）提供电子对抗能力

电子对抗的传统做法是首先通过战场无线电检测,侦察战场电磁环境,然后将侦察到的情况通过战役通信网传达给电子对抗部队,由担任电子对抗任务的部队实施干扰。这种方式不仅需要大量的人力物力,而且需要担任电磁环境侦察和电子对抗的部队密切配合。因此,从侦察到实施干扰的周期较长,容易贻误战机。CR 通过感知战场电磁频谱特性,能够快速、准确地进行敌我识别,可以一边进行电磁频谱侦察,一边快速释放或躲避干扰,实现传统无线电所不具备的电子对抗功能。

（5）增强系统互联互通能力

目前各军兵种装备了数量众多、型号各异的电台。这些电台工作频率、发射功率、调制方式等各不相同,无法实现互联互通,这已成为制约三军联合作战的一个重要因素。CR 能够覆盖很宽的频段,并且用软件来实现信号的基带处理、中频调制及产生射频信号波形等功能。通过自主加载不同的软件就可以使一部 CR 既能与短波电台通信,也能与超短波电台通信,甚至能够与卫星通信。

正是因为 CR 能够自主学习网络的通信协议和服务,所以它能从根本上提高系统的互操作性和互联互通能力。除了以上功能和优点之外,CR 还提供定位及环境感知功能,具有不易受民用无线电干扰、组网快捷等优点,这些都是传统无线电无法替代的。

1.4.2　应急通信中的应用

当发生自然灾害等紧急情况,可能会使现存的通信基础设施暂时产生故障或者彻底被摧毁,现场的工作人员需要建立紧急网络。针对灾后通信系统出现的问题,由于常用频段信道容量有限,通信量突增会造成信道的堵塞,为了缓解通信线路拥挤的压力,结合认知无线电频谱感知技术,认知无线网络利用可用的许可/非许可频谱空隙和异构网络组件来建立和维持暂时的紧急链接。

1.4.3　公众网络中的应用

1. 认知无线电与协同通信的融合

在移动通信系统中,由多径传播引起的衰落对信道产生的严重影响可以通过分集技术得到有效的解决。空间或多天线分集技术由于可以与其他如时间分集、频率分集技术相结合,并在其基础上有很大的性能增益,从而成为一种很有吸引力的分集技术。空间分集技术的一种传统的应用技术是通过多天线或天线阵列实现的,并在 3G,Beyond 3G,LTE 等系统中得到研究和应用。但是由于尺寸、能量、价格等因素限制,在移动终端使用多根天线具有一定的困难,而协同通信技术很好地解决了这种问题。协同通信技术是在多用户通信环境中,使用单天线的各邻近移动用户可按照一定方式共享彼此的天线协同发送,从而产生一种类似多天线发送的虚拟环境,获得空间分集增益,提高系统的传输性能。作为一种分布式虚拟多天线传输技术,协同通信技术融合了分集技术与中继传输技术的优势,在不增加天线数量的基础上,可在传统通信网络中实现并获得多天线与多跳传输的性能增益。

认知和协同通信是从通信的两个角度来解决通信中的问题,即有效性和可靠性。因此,认知无线电设计和协同通信的融合逐渐成为近几年发展的趋势,认知系统可作为中继,为授权系统或其他认知系统转发信息,实现授权系统与认知系统或者认知系统之间的协同通信,以对抗衰落的优势,从而同时解决频谱资源有限与无线信道衰落特性这两大难题。从基本原理的角度看,认知和协同两者是互补的,因此综合利用这两种技术特点可以使通信系统更加高效。有效的协同是利用预先获得的知识,而有效地获取知识和意识是通过协同。未来的通信系统将包括高度异构的无线生态系统。在这种复合场景下,不同的无线设备和网络共存,如果能够对无线环境有效的预测将会有更好的互操作性。

2. 认知无线电与高铁通信网络的融合

未来移动通信系统将面临用户的海量带宽需求,带宽是个永恒的问题。高铁运行线路有一定的特殊性,即很多地段非许可证频段均空闲,但与传统认知无线电不同的是,这里合理使用非许可证频段不存在主从用户,所以不存在频谱的避让问题。因此,从扩大系统频谱和降低频谱使用成本考虑,在使用许可证频段的高铁公网或高铁专网移动通信系统中融合非许可证频段是非常有意义的。

但是具有较大频谱间隔并包含毫米波段的多段频谱融合利用在理论和技术上还存在许多挑战。相关研究人员可以分析高频非许可证频段在高速移动场景下的信道特性和适用条件,研究解决高频偏、高衰耗、高频切换、车体穿透损耗等关键技术问题,使融合非许可证频段与许可证频段的频谱能适应高铁场景,解决未来高铁无线通信系统中用户的海量带宽需求。

对于高铁场景下非许可证频段与许可证频段的融合,其主要问题是非许可证频段与许可证频段不连续,以及各段频谱的信道特性不一、传播损耗差异大、容量不等、多普勒频移相差很大。要在这些谱段上传输一个完整的信息流,需要解决如何将信息流在有一定频率间隔的频段上进行高效的调度分发,以及如何将从各个频段上接收到的信息流进行可靠汇聚的问题,从而达到连续谱传输的效果。由于融合频段的总频谱宽度和跨度较大,建议相关人员可以对各谱段在物理层进行独立的编码调制,并在链路层进行信息流的高效调度和可靠汇聚[75]。

3. 认知无线电与 5G 通信网络的融合

第五代移动电话行动通信标准，又称第五代移动通信技术(5G)，是面向 2020 年移动通信发展的新一代移动通信技术。5G 具有更高的可靠性、更低的时延，在资源利用率及传输速率方面比 4G 系统高 10 倍左右，其无线覆盖性能和用户体验也将得到显著提高[76]。为进一步提高资源利用率和能量效率，连续与非连续载波聚合、动态协作信道与相邻信道干扰抑制、大规模 MIMO、多点协作收发和有效的无线电信道中继等[77-78]一些关键技术为 5G 的研究奠定了理论基础。5G 首先要提升的是频谱资源利用率，而认知无线电技术被认为是下一代无线通信与网络的核心技术[79]，是在满足用户端到端服务需求的前提下高效利用网络资源的最佳方法。

在实际应用中，若采用认知无线电技术，多信道感知的空闲频谱分布可能并不连续，即出现离散的空闲频谱。某些频谱的传输速率并不能满足用户的需求，该空闲频谱仍然不能被利用。若将多个连续或非连续的载波聚合成一个更宽的频谱供用户使用，保证次用户的传输需求，则能大大提高频谱利用率[80]。

5G 将通过改善室内信号的覆盖率，使用小蜂窝概念，如毫微蜂窝、微微蜂窝和微蜂窝基站，来提高用户的服务质量。然而，基于当前传统的频段划分规则，部署小蜂窝会导致更加复杂的干扰。这就需结合认知无线电技术设计高效的动态信道选择与功率控制机制，有效地解决用户切换、基站选择，以及功率和资源分配等问题。如 1-4 所示，未来 5G 网络将是密集、异构的网络结构，包括多种类型的蜂窝网、设备与设备(Device to Device, D2D)通信及其他通信系统[81]。因此，在一些办公大楼、学校和地铁站等人口密集区，认知用户需要感知的频谱范围更广阔、服务质量要求更高，这就要求频谱感知算法有较强的自适应能力、较高的可靠性与准确度，如建立灵活高效率的全双工感知传输模型；采用压缩感知理论在降低信道状态信息获取开销的同时，提升多个频谱使用情况的感知精度。对于多种类型的小蜂窝，主用户/认知用户与认知用户之间的十扰情况也将会更加复杂,中继及传输路径的优化对于减少能源的消耗和降低用户终端的资源浪费作用显著。因此,应充分结合多种类型的网络传输特征及应用场景,设计可靠的频谱共享机制与抗干扰策略,进而提高未来 5G 网络的频谱资源利用效率[80]。

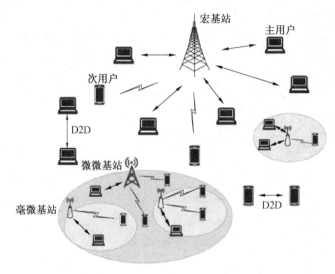

图 1-4　异构 5G 网络[80]

未来 5G 时代,用户数量和需求爆发式增加,迫切需要大规模 MIMO 技术对传输的空间域进行进一步的扩展,以提升系统的频谱效率与用户体验。但大规模 MIMO 的研究也面临许多挑战[82,83],比如大规模 MIMO 性能的优劣与所获取的无线信道状态信息(Channel State Information,CSI)准确性密切相关,需进一步研究高效、可靠的信道感知算法。其次,随着天线维数的大幅增加,传输链路的干扰也会更加明显,这就需要研究有效的抗干扰模型。另外,对于多用户 MIMO 系统,需要考虑如何优化资源的调度与分配,使得系统的传输性能达到最佳。由此可见,认知无线电技术在大规模 MIMO 方面的应用前景非常广阔。

1.5　本章小结

　　本章主要概述了认知无线电与认知无线网络的研究背景、意义及其概念,详细介绍了认知网络的关键技术:频谱感知、频谱共享、频谱管理、跨层设计与优化、机会路由等,以及认知网络在应急通信、未来高铁无线网络通信和未来 5G 网络中的应用与发展前景。

第 2 章　频谱感知

2.1　引　言

在 CRNs 中,CR 用户需要发现并伺机利用周围无线环境中存在的可用频谱机会,实现对空闲授权频谱的动态接入。因此,作为 CRNs 核心技术的频谱感知技术,其目标是在保证主用户免受干扰的前提下,实现对潜在频谱机会和再次出现主用户的准确、快速检测。要实现这一目标,频谱感知技术面临着一系列的挑战:

(1) 如何实现检测有效性和准确性的合理折中

在 CRNs 中,一方面要提高频谱资源利用率,希望用于频谱检测的时间能够尽量短,这样可以有更多时间用于数据传输;而另一方面为了准确检测到频谱可用机会和及时监测主用户的再次出现,不得不花费更多的时间用于频谱检测。因此,如何实现检测有效性和准确性的合理折中成了频谱感知技术的核心问题。

(2) 控制系统间干扰

CR 用户对主用户所产生的有害干扰,主要体现为 CR 发射机对授权接收机所造成的有害的干扰,使得授权接收机无法正常解调、解码授权发射机发出的信号,然而授权接收机通常为哑终端,并不发射信号,容易形成隐藏终端现象;此外,同一环境下可能存在多个授权系统和多个 CR 系统,CR 不但要能分别检测出各种信号所占用的频段,还要解决各种系统共存、各种信号共存的频谱识别问题,这些将加大 CR 对主用户进行有效识别和避让的难度。

（3）复杂多变的无线传播环境下微弱信号的检测

为了发现并识别微弱的授权信号，CR 用户需要具有较宽的动态检测范围和较高的灵敏度，但由于受到硬件条件、复杂无线传播环境（路径损耗、阴影衰落、多径衰落和噪声的影响）等限制，如何利用数字处理技术、多用户协同分集和优化技术实现硬件受限及衰落环境下宽频带范围的微弱信号的有效检测成了 CR 面临的又一难题。

为了解决这一系列的矛盾和挑战，各种频谱检测算法和机制的研究已被展开，下面将分别介绍。

2.2　频谱感知模型

因 CR 用户的可用频谱机会主要取决于主用户的频谱占用情况，所以 CR 频谱感知模型可表示为基于主用户信号占用情况的二元假设模型[12]，表示为

$$y(t) = \begin{cases} n(t), & H_0 \\ hs(t) + n(t), & H_1 \end{cases} \tag{2-1}$$

式中：$y(t)$ 为 CR 用户接收到的主用户信号；$s(t)$ 为主用户的发射信号；$n(t)$ 为加性高斯白噪声（Additive White Gaussian Noise，AWGN）；h 为主用户发射机到达 CR 用户接收机之间的理想无线信道的复增益，如果是非理想信道，h 与 $s(t)$ 之间应是卷积关系而非点乘；H_0，H_1 分别表示目前在某一确定频段上，主用户信号不存在和存在的两种假设。

采用数理统计的方法，根据 $y(t)$ 构造相应的判决统计量 Y（不同的检测算法有各自的判决统计量构造方法），并与预先设定的门限阈值 λ 进行比较，进而进行有无主用户信号的判决

$$Y \underset{H_0}{\overset{H_1}{\gtrless}} \lambda \tag{2-2}$$

一般而言，检测概率 p_d（p_{d0}）、漏检概率 p_m 和虚警概率 p_f 是衡量感知性能的指标，分别表示如下：

$$\begin{cases} p_{d} = Pr(H_{1} \mid H_{1}) = Pr(Y > \lambda \mid H_{1}) \\ p_{d0} = Pr(H_{0} \mid H_{0}) = Pr(Y < \lambda \mid H_{0}) \\ p_{m} = Pr(H_{0} \mid H_{1}) = 1 - p_{d} \\ p_{f} = Pr(H_{1} \mid H_{0}) = Pr(Y > \lambda \mid H_{0}) \end{cases} \quad (2\text{-}3)$$

其中: p_{d} 表示主用户实际存在,正确判断为主用户存在的概率; p_{d0} 表示主用户实际不存在,正确判断为主用户不存在的概率; p_{m} 是指主用户实际存在,但错误地判断为主用户不存在的概率; p_{f} 是指主用户实际并不存在,但错误地判断为主用户存在的概率。

在实际应用中,若 p_{f} 过高会导致频谱利用率下降,损失一些原本可以利用的频谱接入机会;而 p_{m} 过高则会增加对主用户的有害干扰。在进行频谱感知性能分析时,一般采用接收机操作特性曲线或其补图来表示虚警概率和检测概率或虚警概率和漏测概率的相互关系。依据 Neyman-Pearson 准则[84],要提高 CR 用户及其网络的频谱感知性能,则需要在一定 p_{f} 的约束条件下,尽量降低 p_{m} 或提高检测概率。

2.3 频谱感知分类

根据主用户频谱占用情况等信息获取方式的不同,频谱感知技术可分为辅助感知和独立感知两大类[84],具体分类如图 2-1 所示。

在辅助频谱感知中,对授权网络频谱占用信息的获取不是来自于 CRNs 内部,而是 CRNs 外部。而在独立频谱感知中,CRNs 内的 CR 用户可采用一系列算法和机制独立感知周围环境以获取授权频谱的占用情况,无须外部网络或实体的辅助和参与。相比辅助频谱感知方式,独立频谱感知的一个显著优点是:频谱感知过程是主动地且自发于 CRNs 内部,在 CRNs 与授权网络间无任何信息交互,对现有授权网络及其设备无须任何改动。这降低了引入 CR 技术的投入成本和更新升级开销,因而独立频谱感知技术受到了业界人士的主要关注。当然在 CR 技术的实际应用中,这两种感知并不相互排斥,一个 CRN 网络可以选择任一感知方式,或者同时采用两种方式。本章重点讨论研究独立频谱感知技术中的各种频谱感知算法和机制。

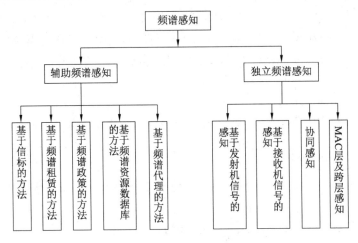

图 2-1 频谱感知技术分类

由于 CR 用户无法直接测量主用户发射机与接收机之间的信道,只能独立地通过连续频谱感知对主用户进行检测,加之无线环境中阴影、多径、噪声不确定性等不利因素的影响,独立频谱感知面临的最大困难就是实现对微弱主用户信号的准确快速感知。准确与快速分别体现了感知质量和感知速度两个目标,具体体现在不仅需要最可靠地判断某个频段是否空闲,同时还应确保感知的时间足够短,以使 CR 用户能快速接入或及时退出。根据围绕这两个目标而展开的频谱感知算法和机制,独立频谱感知技术的详细分类如图 2-2 所示。

- 独立频谱感知
  - 基于发射机信号的感知
    - 匹配滤波器检测
    - 能量检测
    - 循环平稳特征检测
    - 协方差盲检测
    - 延时相关性检测
    - 两步检测
  - 基于接收机信号的感知
    - 基于干扰温度估计的检测
    - 基于接收机本振泄漏的检测
  - 协同感知
    - 分布式多用户协同检测
    - 协作分集式协同检测
  - MAC 层及跨层感知
    - 检测模式
    - 检测时长
    - 检测周期
    - 检测信道
    - 检测静默周期

图 2-2　独立频谱感知技术分类

2.4　基于发射机信号的感知

基于发射机信号的检测方式是指 CR 用户通过截获来自主用户发射机的信号来判断 CR 用户感知基站覆盖范围内是否存在潜在的、可能被干扰的主用户，进而确定是否存在空闲频谱可“二次”利用。然而，CR 用户接收到的主用户信号通常受阴影、多径衰落及噪声不确定性等影响后变得很微弱，并且为确保授权网络的边缘用户同样不受到有害干扰，要求 CR 用户能够检测到接收信噪比很低的授权信号，即要求 CR 用户需具有较高的感知灵敏度。一般要求 CR 用户可正常检测的接收信噪比比授权接收机能够正常解码的接收信噪比还要低 20 ~ 30 dB[85]。

本节仅介绍四种基于发射机信号的感知算法：能量检测、两步检测、匹配滤波器检测和循环平稳特征检测。

2.4.1　能量检测算法

能量检测算法又称基于功率的检测算法[86],通过测量一段观察空间(频域或时域)的接收信号总能量来判决是否有主用户信号出现[87],是一种非相关的次优检测算法。根据观测空间的不同,能量检测算法有时域和频域两种实现方式,目前多采用频域的实现方式,其实现框图如 2-3 所示。

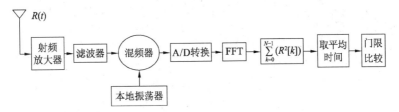

图 2-3　能量检测算法的实现框图

由图 2-3,构建判决统计量:

$$Y = \sum_{k=0}^{N-1} \left(R^2 [k] \right) \tag{2-4}$$

由文献[88]知,该判决统计量服从卡方分布,即

$$Y = \begin{cases} \chi^2_{2TW}, & H_0 \\ \chi^2_{2TW}(2\gamma), & H_1 \end{cases} \tag{2-5}$$

式中:χ^2_{2TW} 表示自由度为 $2TW$ 的中心卡方分布;$\chi^2_{2TW}(2\gamma)$ 表示自由度为 $2TW$,以 2γ 为参数的非中心卡方分布;γ 为平均 SNR;TW 表示带宽积,与抽样数 N 成正比。设 $u = TW$,在 AWGN 信道下,p_d、p_f 分别表示为[89]:

$$p_d = Pr(Y > \lambda \mid H_1) = Q_u(\sqrt{2\gamma}, \sqrt{\lambda}) \tag{2-6}$$

$$p_f = Pr(Y > \lambda \mid H_0) = \frac{\Gamma(u, \lambda/2)}{\Gamma(u)} \tag{2-7}$$

式中:$\Gamma(\cdot)$ 和 $\Gamma(\cdot, \cdot)$ 分别为完全和不完全的 Gamma 函数;Q_u 为一般 Marcum Q 函数,定义如下:

$$Q_u(a, b) = \int_b^\infty \frac{x^u}{a^{u-1}} e^{-\frac{x^2 + a^2}{2}} I_{u-1}(ax) \, dx \tag{2-8}$$

其中 $I_{u-1}(\cdot)$ 为修正的第 $u-1$ 阶贝塞尔函数。由式(2-6)可知，由于 u 与 N 成正比，故抽样数 N 满足 $N \sim 1/SNR^2$。

在 CR 实际应用中，除受 AWGN 影响外，能量检测算法的性能还将受到衰落信号、噪声不确定性因素的影响。在 AWGN 信道下，信道的信噪比是确定的，但在衰落信道下，信噪比转化为一个随机变量，因此在衰落信道下，能量检测的性能将受到严重影响，其平均检测概率为[89]：

$$\overline{p_{\mathrm{d}}} = \int_0^\infty Q_u(\sqrt{2\gamma}, \sqrt{\lambda}) f_\gamma(\gamma)\mathrm{d}\gamma \tag{2-9}$$

式中 $f_\gamma(\gamma)$ 是衰落信道信噪比的概率密度函数(Probability Density Function, PDF)，根据不同的衰落信道模型，将衰落信道的 PDF 代入式(2-9)即可。需注意的是，由于 p_{f} 对应的是 H_0，没有主用户信号出现，也就不考虑衰落信道的影响，所以，p_{f} 与衰落信道模型无关。

能量检测法是一个次优的检测方法，对微弱信号的检测能力比匹配滤波器要差，但是这种方法不需要主用户的先验信息，且实现简单，运算复杂度低、灵活性好，比较适合检测宽频段内的频谱空穴。因而该算法被普遍应用，在 IEEE 802.22 的标准中也被建议采纳。

2.4.2　两步检测算法

实际网络中的检测可以将多种检测算法相结合，实现检测速度和检测质量的兼顾。IEEE 802.22 WRAN 网络标准中提出了两步检测算法，即采用两种检测方式串行执行，先由检测速度快的算法对较宽的频带进行粗检，再由检测速度相对较慢、精确度较高的检测算法进一步确认[90]，以达到对检测时间和准确性的折中，即粗检加细检的两步检测。其实现框图如图 2-4 所示。

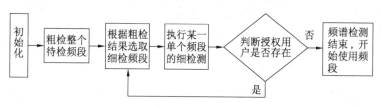

图 2-4　两步检测算法实现框图

2.4.3　匹配滤波检测算法

匹配滤波检测是一种最佳的滤波,当输入信号具有某特殊波形时输出最大。形式上,匹配滤波器是由输入信号的时间反序排列构成,且滤波器幅频特性与信号一致。因此,匹配滤波相当于对信号做自相关运算。该算法仅需少量样本就能获得较高的检测性能,但需要已知被测信号的先验信息,如调制方式、脉冲波形、数据包格式等。

2.4.4　循环平稳特征检测算法

利用被测信号与噪声之间固有的特征差异进行检测,如似然比检测(Likelihood Ratio Test,LRT)、小波检测和循环平稳特征检测等。LRT 利用被测信号与噪声的概率密度函数差异执行信号存在性检测,其缺点是既需要精确的同步信息,也需要获得被测信号与噪声信号的概率密度函数信息;小波检测利用小波分析提取被测信号的频谱边沿,从而实现信号检测,检测率高,但复杂度也高。循环平稳特征检测是利用被测信号具有的周期平稳特性进行检测,即分析被测信号的循环功率谱密度判断信号的存在性(噪声不具有循环平稳特性),检测率高,但运算复杂度高,感知时间长。

2.5　基于接收机信号的检测

实际网络中,主用户接收机对 CR 的干扰更加敏感,其根源是 CR 用户发射的信号造成其射频辐射范围内的主用户接收机无法正常解调、解码主用户发射机发出的有用信号。为了更加准确地衡量接收机处所受到的干扰程度,检测和识别主用户接收机的存在,美国的 FCC 和加州大学伯克利分校的学者分别提出了以接收机为中心的干扰温度估计和本振泄漏检测的频谱感知方法,下面将详细论述这两种方法。

2.5.1　基于干扰温度估计的检测

2003 年,美国 FCC 提出了干扰温度(Interference Temperature)的概念及量化和管理干扰源的干扰温度模型。干扰温度指在某接收天线处,其周围地理位置空间内,在某一给定的频带上,该接收机可接收的射频干扰的准确测度。相应的干扰温度模型如图 2-5 所示。

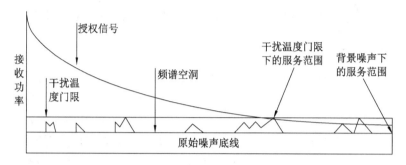

图 2-5　干扰温度模型

该模型要求 CR 用户发射机要确保其发出的射频信号,在主用户接收机处接近于噪声。由于这些额外噪声的出现,原始噪声基底在不同点上有所增加,表现为干扰温度模型中噪声基底上的不同尖峰。干扰温度模型是对多个射频信号能量进行累加,并根据累加后的总能量是否超过干扰温度界限来判决是否有可利用的频谱机会。该干扰温度界限通常应由频谱管理部门根据主用户可接受的干扰程度来设定,且该信息应作为 CR 用户已知的先验信息。实际干扰温度可表示为

$$T_I(f_c, B) = \frac{P_I(f_c, B)}{kB} \qquad (2\text{-}10)$$

式中:T_I 为干扰温度;$P_I(f_c, B)$ 是中心频率为 f_c、带宽为 B 的干扰平均功率;k 是玻尔兹曼常数($k = 1.3807 \times 10^{-23}$ J/K)。

只要干扰温度小于主用户接收机所能容忍的干扰温度界限,CR 用户辐射的功率就不会对主用户接收机造成有害干扰,CR 用户就可以借用未超过干扰温度界限的频谱机会在该频谱上进行 CR 通信。但是该方法不能确保对主用户系统的有力保护,特别是处于边缘接收的主用户接收机很容易受到 CR 用户的干扰。

在实际应用中,该算法还存在着技术难题,对于干扰温度的估

计还需要获取主用户接收机的准确地理位置信息,而现实中这些位置信息通常是无法获取的。目前为止,此检测方法还停留在理论研究阶段,还没有一种切实可行的测量模型及方法来衡量或估算主用户处的干扰温度。由于主用户接收机被动接收信号,CR 用户无法知道它的准确位置。

2.5.2　基于接收机本振泄漏的检测

本振泄漏功率检测[91]是一种解决 CR 应用中隐终端干扰问题的最直接有效的检测方法。目前的无线电接收机基本上都是超外差式接收机结构,其结构如图 2-6 所示。超外差式接收机接收到的射频信号经射频放大后,与本地振荡器调产生的本振信号混频处理,则此射频信号可下变频到中频频段,再经过中频放大、解调处理。此过程中,本地振荡产生的本振信号将不可避免地从天线泄漏出去,根据这一事实,CR 用户可以利用主用户接收机本地振荡器泄漏功率,来定位主用户接收机的位置及其是否处在工作状态,从而有效解决对主用户接收机的隐终端干扰问题。

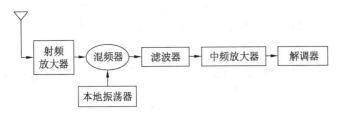

图 2-6　超外差式接收机结构图

而在实际应用中,直接让 CR 用户来检测本振泄漏功率有点不切实际,其原因是该方法受到检测距离的限制,远距离的检测本振泄漏功率将十分困难,加之本振泄漏功率是动态变化的,这将降低检测的准确性,延长检测时间,造成较大的误差。为了解决这个难题,将传感器直接安置在接收端,可增加传感器接收到的本振泄漏功率,并通过特定的控制信道通知该区域使用此信道的 CR 用户,以此提高本振泄漏检测的准确性。但从性价比和可行性两方面考虑,在所有接收机附近均部署传感器这一设想目前还不能实现。

2.6　协同感知

在 CR 实际应用中,通常要求 CR 系统检测性能达到虚警概率小于 0.1,同时检测概率高于 0.99(漏检概率小于 0.01),以满足频谱高效的利用,同时避免对主用户的有害干扰。然而由于受到内部硬件条件限制,加上外部复杂的无线衰落环境等实际因素的影响,单个 CR 用户的本地检测存在不确定性和不完整性,很难达到上述性能指标;甚至当 CR 用户受到严重阴影效应时,会引发隐藏终端问题,从而对主用户造成干扰。而协同感知大大地提高了检测概率,降低了漏检概率与虚警概率,并可以解决隐藏终端问题,同时减少感知时间。

目前基于协同的频谱检测主要有分布式多用户协同检测和协作分集式协同检测。

2.6.1　分布式多用户协同检测

如图 2-7 所示,在分布式多用户协同检测中,各个 CR 用户将本地检测信息上报给 CR 基站(或称融合中心),CR 基站将本地检测信息的数据融合处理并做出最终的频谱决策。这种分布式多用户协同检测不仅可以提高 CRN 整体系统检测性能,还可以降低单个本地 CR 用户检测精度的要求。在实际应用中,这种检测的检测性能还与协同 CR 用户特征、信道状态信息,以及融合与决策方式等因素密切相关。下面对这三种因素逐一进行讨论。

1. 协同 CR 用户特征

在多用户协同感知中,执行本地检测的 CR 用户是参与协同的个体。协同认知用户的数量、位置和行为等特征都直接影响着系统的整体检测性能。

传统的协同感知算法通常假设全部用户均参与协同,但文献[92-93]表明,在协同感知的实际应用中,只需选取一定数量的认知用户参与协同感知就可以达到 CRNs 中系统最优的检测性能。本文在后面章节探讨证实了通过优化协作用户数,不仅可提高系统协同感知的性能,还可大幅降低协同信令开销和系统复杂度。

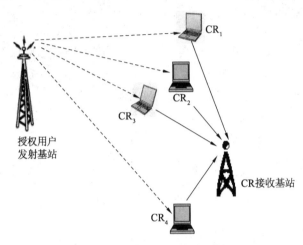

图 2-7　分布式多用户协同检测方式

在讨论协同感知性能时,为了简单起见通常假设各本地用户都经历独立同分布的阴影和衰落信道。在实际无线传播环境中,相邻 CR 用户的节点位置距离很近时,由于它们在位置空间上容易受到相同障碍物的遮挡,用户间存在的阴影相关性会制约协同感知性能的改善。

以上对协同用户的讨论都是假设各 CR 用户以正常的、积极的、合作的行为方式参与协同检测的。然而在实际应用中,CRN 中存在恶意用户干扰正常的协同感知。目前对恶意 CR 用户的检测和对抗方法还待进一步研究讨论。

2. 信道状态信息

在分布式多用户协同检测中,各 CR 用户的本地感知信息需通过 CR 用户与 CR 接收基站间的报告信道传送至基站,CR 用户上报本地检测信息时则需一定的信令开销,而用于承载这些本地检测信息的报告信道通常是带宽受限的,而且实际无线信道还受到各种衰落的严重影响,从而会影响分布式多用户协同检测的性能。

3. 融合与决策方式

在分布式多用户协同检测的信息融合中,根据 CR 用户上报本地检测判决信息的不同可分为硬判决和软判决两种方式。在硬判决过程中,各本地 CR 用户独立做出二元假设判定,并仅将本地判决结果上报到信息融合中心。而软判决过程则将观测空间分为多个检测区域,每个检测区域表示一个不同的判决门限,从而将检测判决量化,并且最后上报的判决结果含该判决的一个可信度度量。

在信息融合中心,汇总后的检测信息常根据 OR、AND、K-out-of-N 等判决规则,对主用户是否存在做出最终的判定。在 OR 规则中,只要有一个 CR 用户判决主用户存在,则最终判决主用户存在,这可最大化保护主用户免受因 CR 用户漏检而造成的有害干扰;而 AND 规则中,当且仅当所有 CR 用户都报告主用户存在时才最终判决主用户存在,因此,AND 规则更多的是追求频谱资源利用率的最大化,即系统虚警概率的最小化;K-out-of-N 规则是 OR 规则和 AND 规则的折中,即在协同的 N 个 CR 用户中,当有 K 个或多于 K 个 CR 用户报告主用户存在时,则最终判决主用户存在。假设各 CR 用户本地感知的检测概率 p_d 和虚警概率 p_f 分别相等,信道条件相同且独立同分布,以上三种判决准则所对应的协同检测性能分别为:

OR 准则
$$\begin{cases} Q_d = 1 - (1 - p_d)^N \\ Q_f = 1 - (1 - p_f)^N \end{cases} \tag{2-11}$$

AND 准则
$$\begin{cases} Q_d = (p_d)^N \\ Q_f = (p_f)^N \end{cases} \tag{2-12}$$

K-out-of-N 准则
$$\begin{cases} Q_d = \sum_{j=K}^{N} \binom{N}{j} p_d^j (1 - p_d)^{N-j} \\ Q_f = \sum_{j=K}^{N} \binom{N}{j} p_f^j (1 - p_f)^{N-j} \end{cases} \tag{2-13}$$

在实际应用中,由于受复杂多变的无线传播环境影响,感知结果具有较大的不确定性。针对这些问题,文献[94]提出了一种基于 D-S(Dempster-Shafer)证据理论的信息融合与决策算法,可以提高感知的准确性。

2.6.2　协作分集式协同检测

在 CRN 中,不同 CR 用户相对于主用户的位置是不相同的,利用这种天然的非对称性,可借用 Ad hoc 和传感器网络中已有的空间分集协议进行协同检测,利用 CR 之间的中继转发功能,通过不同支路的分集增益来提高 CRN 中处在授权发射机覆盖范围边缘(或因受深度衰落影响接收信号强度弱)的 CR 用户的频谱检测准确度和快速性,以满足 CR 技术中的频谱捷变性要求。文献[39 - 41]提出利用放大转发(Amplify-and-Forward, AF)协议进行空间协作分集,基于此,本文在第3、4 章深入研究协同频谱感知的优化方案,探讨影响其检测性能优劣的多维因素并通过相应的数值仿真和蒙特卡洛仿真验证。

2.7　MAC 层及跨层感知

在 CR 频谱感知技术中,除上述所提到的各种物理层频谱感知算法外,还包括频谱感知机制的研究,此研究更多关注于 MAC 层及跨层的感知策略和方法。基于 MAC 层及跨层的感知机制主要是解决何时(When)检测哪个或哪些(Which)信道的问题,可对检测参数和检测策略进行选取和优化,指导物理层检测算法准确、快速地发现频谱空穴,提高 CR 用户对可用频谱资源的检测性能,在对主用户干扰最小化的前提下,最大化 CR 用户的频谱利用率;而且,合理高效的检测机制在保证 CR 用户自身通信质量的同时,可有效节省 CR 用户不必要的检测能量开销,这对于应急网络或军事应用中电池能量受限的 CR 用户至关重要;此外,合理的检测机制能够有效缩短主用户再次出现时 CR 用户自身业务的切换延时,从而提高 CR 通信链路的服务质量。

2.8　多维频谱感知

传统的频谱感知技术中,对主用户及其信号的感知主要集中在频域、时域、空间域三个基本的信号空间维度(域),即发现频谱中那些未被充分占用的特定频率、特定时间和特定空间。但实际中,频谱空间并不仅局限于这三维,还客观存在着码域、角度域、极化域等其他多个信号空间维度。在上述这些维度下,文献[95]给出了超频谱空间的概念:一个由地理位置、波达角、频率、时间及其他可能的域组成的超空间。图 2-8 至图 2-12 分别给出了各域的示意图[96 - 97]。

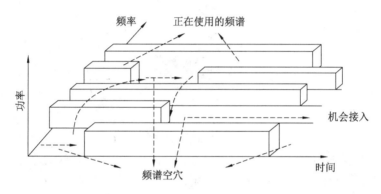

图 2-8　频域、时域示意图

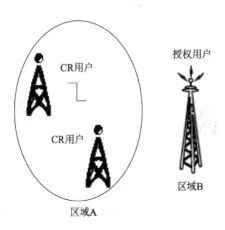

图 2-9　空间域(空间地理位置)示意图

从图 2-8 可以看出,可用频谱在频域被划分为多个狭窄的频谱带,不同频带在同一时刻并不一定全被占用,若某一具体频段未被持续使用,则存在可供 CR 网络及用户伺机利用的时域频谱机会。

从图 2-9 可以看出,即使同一时间频谱在一个地理区域 B 被持续占用,而在另一个地理区域 A 未被占用,那么在空间域 A 仍存在频谱空穴,CRs 间可通信。

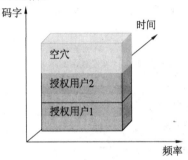

图 2-10　码域示意图

图 2-10 为码域频谱利用机会,当主用户采用扩频或跳频进行宽带通信时,CR 用户可以在主用户占用频谱的同时,通过采用与主用户相互正交的码字序列或跳频序列进行通信,而不会对主用户产生干扰。

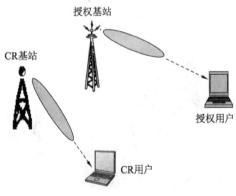

图 2-11　角度域示意图

图 2-11 为利用频谱的角度域,CR 用户需对主用户的波束方向

（方位角、仰角）及地理位置进行感知。例如,如果主用户信号波束沿着某一特定的方向进行传输,则 CR 用户可在其他波束方向上进行数据传输而不对主用户信号波束形成干扰。

主用户与 CR 用户甚至可以在同一频率、同一时间、同一空间及所有方向上进行信号传输,这时 CR 用户要利用信号维来传输正交波形,以避免对主用户产生干扰,如图 2-12 所示。显然这不仅需要频谱估计,还需要波形识别。

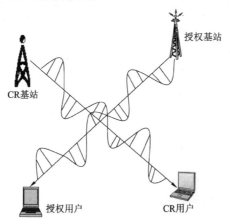

授权基站

CR基站

授权用户

CR用户

图 2-12　极化域示意图

面对未来的异构无线网络环境,具有认知能力的 CRNs 或认知网络所属用户,有可能从信号空间的不同维度,对无线环境中的频谱空穴进行有效、全面、智能地全域感知,并对频谱资源进行高效共享。目前,如何为多维频谱感知建立一个适当的 n 维空间模型是一个亟待解决的问题。

2.9　本章小结

本章就频谱感知技术的模型和分类作了介绍。由于主用户发射端检测具有操作简单、实用性强等特点,基于发射机信号检测的几种方法得到了较快的发展。然而对于认知用户的本地频谱检测,认知用户和主用户之间不能进行直接的信令交互,因此频谱感知的实现只有通过认知用户截获主用户信号来做进一步的检测。在主用户信号被截获的过程中,由于受到阴影衰落、隐藏节点及噪声不确定性等因素的影响而做出错误的判断,从而对主用户造成干扰。另外感知时间的限制也是本地感知的一个瓶颈。协同频谱感知是弥补本地感知缺点的有效途径,本章具体介绍了协同频谱感知的主要思想,实现算法和多维频谱感知,为后续深入研究及后面章节的阐述做了必要的准备。

第3章　基于中继的协同频谱感知

3.1　引　言

如何实现感知的准确性和快速性的合理折中是频谱感知技术的核心问题。不同的感知技术在感知的准确性和快速性上各显其优缺利弊。协同频谱感知技术[37-41]可以有效克服实际无线传播环境中不利因素对单用户感知所造成的负面影响,因而被广泛利用。

目前,关于协同频谱感知方面的研究工作,多数集中在如何利用多个认知用户的感知信息进行数据融合以提高感知结果的可靠度。Ganesan 等[38]首次将协作分集的概念运用于频谱感知当中,提出了基于 AF 协议的两认知用户协作频谱感知方案,即位于同一频段的两个认知用户 U_1 和 U_2 以 TDMA 模式工作,当 U_2 接收到的主用户信号功率信噪比 P_2 比 U_1 接收到的信号功率信噪比 P_1 大时,U_1 在 AF 协议下选择 U_2 作为中继用户,以改善其自身的检测性能[38]。文献[38]分析了认知用户传输功率非受限时频谱感知的性能,文献[39-40]在文献[38]的基础上进行了拓展,深究了认知用户传输功率受限时其频谱感知的性能,但文献[38-40]都仅限于研究主用户与两个认知用户相对位置处于同一直线上这一特定状态时的协作频谱检测性能。而实际情况是主用户与认知用户的位置在空间上是随机分布并且是移动的,在某个时刻,主用户与两个认知用户这三者位置决定了三维空间的一个面,相对位置会影响协作性能。特别是在城市、楼宇、山地等环境中,不同位置处的地理信息、射频环境和环境背景噪声也不尽相同,其频谱感知性能也因此更为复杂。此外,认知用户传输功率受限可以降低对合作用户的要求,甚至可以用于被动合作,因此更加符合实际情况。为此,本章基于认知用户传输功率受限的前提,考虑实际 CRNs 中诸多复杂因素的影响,研究了一种无线环境下的判别协同感知性能优劣的模型,给出了协同感知的多维度优化方案,并在性能分析中提出了更具普遍意义的若干拓展命题。

本章出现的符号的意义如下:

PU:授权(主)用户;

U_1、U_2:认知(非授权)用户;

P_1:U_1 从 PU 接收信号功率的信噪比;

P_2:U_2 从 PU 接收信号功率的信噪比;

P_T:PU 的最大传输功率限(SNR);

P:U_1 的最大传输功率限(SNR);

P_{2max}:U_2 的最大传输功率限(SNR)

G_{12}:U_1 和 U_2 间的平均信道增益(SNR)。

3.2 协同感知的优化模型

本小节主要介绍信道模型和系统模型,并依据本文提出的新的三维系统模型——基于中继的协同频谱感知优化模型,研究协同频谱感知的准确性和快速性,以及其在不同维度影响下所受的制约。

3.2.1 信道模型

假定各信道都经历瑞利衰落,不同认知用户所在信道相互独立。若发射信号为 x,接收信号 y 为

$$y = fx + w \qquad (3\text{-}1)$$

式中:f 是信道衰落系数,为零均值复高斯随机变量;w 是均值为 0、方差 $\sigma_w^2 = 1$ 的加性复高斯白噪声。f 与 w 之间相互独立。

3.2.2　优化的系统模型

图 3-1 是一个两认知用户协同感知的优化模型,与 Ganesan 提出的模型相比,本模型从三维空间来考虑三用户的分布位置,三用户随机分布并且是可移动的,而不是仅处于同一条直线这一特定情况;其次,U_1 经过 d_1 独立感知 PU,与经过路径 d_2 转 d_{12} 协同感知 PU 所经信道的路径损耗指数不同;此外,模型中考虑了路径损耗模型的影响。由于考虑了这些因素,该优化模型就与实际复杂多变的无线电磁环境更接近。

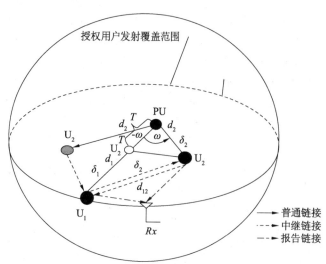

图 3-1　两认知用户协同感知的优化模型

在该优化模型中,认知用户 U_1 和 U_2 以 TDMA 模式工作在同一频带,并对公共接收机 Rx(基站)发送数据。当主用户 PU 要使用此频带时,U_1 和 U_2 应能及时检测出 PU 的存在并采取相应的退避措施。因此,认知用户需实时地感知频谱。假设 U_1 与主用户 PU 之间存在阴影或深度衰落(或 U_1 位于 PU 覆盖范围边缘,接收 PU 信号的能力较弱),U_2 与主用户 PU、U_1 之间不存在阴影或只有轻度衰落(或 U_2 接收 PU 信号的能力较强)。各信道对称且相互独立,信号在接收端都经历了衰落并都含有均值为 0、方差 $\sigma_w^2 = 1$ 的加性复高斯白噪声。认知用户 U_1 直接从主用户 PU 处接收到的信号要比用户 U_2 弱很多,显然 U_1 需要更长的感知时间来感知 PU 是否存在,其感知能力远不如 U_2。为了减小感知时间、提高 U_1 感知成功的准确度,基于 Ganesan 提出的协同方案[38-41],在 AF 协议下利用接收信号强的认知用户 U_2 作为 U_1 的中继。通过协同中继,U_1 接收到的主用户信号的信噪比可以得到增强,其频谱感知性能有望得到改善。

图 3-2 描述的是在同一频带的认知用户 U_1 和 U_2 采用 AF 协议的工作模式,在时隙 T_1 内,U_1 传输数据,U_2 监听;在时隙 T_2 内,U_2 依据放大比例放大在时隙 T_1 内接收到的信号并中继给 U_1,U_1 和公共接收机 Rx 接收信号。在时隙 T_1 内,U_1 发送信号给 U_2 和公共接收机 Rx,这时 U_2 的接收信号为:

$$y_2 = \theta h_{p2} + a h_{12} + w_2 \tag{3-2}$$

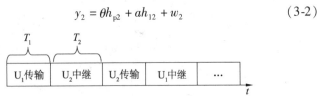

图 3-2　模型中使用的 TDMA 中继协议

在时隙 T_2 内,U_2 依据放大比例放大在时隙 T_1 内接收到的信号并中继给 U_1,则 U_1 的接收信号为:

$$y_1 = \sqrt{\beta} h_{21} y_2 + \theta h_{p1} + w_1 = \sqrt{\beta} h_{21} \left(\theta h_{p2} + a h_{12} + w_2 \right) + \theta h_{p1} + w_1 \tag{3-3}$$

上述两式中,h_{pi} 表示 PU 与 $U_i (i=1,2)$ 间的瞬时信道增益;h_{12} 表示 U_1 和 U_2 间的瞬时信道增益;w_i 表示高斯白噪声;h_{pi}, h_{12}, w_i 是均值为 0 且相互独立的复高斯随机变量。由于信道对称,有 $h_{12} = h_{21}$;a 表示 U_1 发射的信号,U_1 的发射功率固定为 P,那么 $E\{|a h_{12}|^2\} = PG_{12}$,$G_{12} = E\{|h_{12}|^2\}$ 为 U_1 和 U_2 间的平均信道增益;$P_i = E\{|h_{pi}|^2\}$ 表示用户 U_i 从主用户 PU 接收到的平均信号功率;$\theta = 1 (H_1)$ 表示 PU 占据信道,$\theta = 0 (H_0)$ 表示 PU 未占据信道。

这里 $\beta = \dfrac{P_{2\max}}{E\{|y_2|^2\}} = \dfrac{P_{2\max}}{\theta^2 P_2 + P G_{12} + 1}$ 指 U_2 中继信息给接收机的功率放大比例因子,$P_{2\max}$ 指 U_2 的最大传输功率限(SNR),表明传输功率受限(为简单起见,规定所有噪声方差为 1)。去除已知的信号分量,则 U_1 接收的信号为:

$$Y = \theta H + W \tag{3-4}$$

其中:$H = h_{p1} + \sqrt{\beta} h_{12} h_{p2}$,$W = w_1 + \sqrt{\beta} h_{12} w_2$。

1. 传输功率受限时的协同检测概率

本文频谱感知模型使用能量检测法的原因有:① 研究目的是证明认知无线电网络中协同的有效性,因此选择信号检测方法并不重要;② 研究中假设信号为已知功率的随机变量,因此能量检测是最佳选择。为了测量接收信号的功率,需对输出信号平方运算再积分,然后将输出统计量与判决门限值进行比较,再判定主用户是否出现。当 $h_{12} = h_{21}$,H 和 W 是零均值的复高斯变量,均值为 0,信号方差和噪声方差分别是:

$$\sigma_H^2 = E\{|H|^2\} = P_1 + \beta_\theta P_2 h \tag{3-5}$$

$$\sigma_W^2 = E\{|W|^2\} = 1 + \beta_\theta h \tag{3-6}$$

这里定义 $h = \dfrac{|h_{12}|^2}{E\{|h_{12}|^2\}} = \dfrac{|h_{12}|^2}{G_{12}}$,$\beta_\theta = \dfrac{P_{2\max} G_{12}}{\theta^2 P_2 + P G_{12} + 1} = \beta G_{12}$

由于 h_{12} 是复高斯随机变量,则 h 的概率密度函数(PDF)服从指数分布:

$$f(h) = \begin{cases} e^{-h}, & h > 0 \\ 0, & h \leqslant 0 \end{cases} \tag{3-7}$$

采用能量检测 $T(Y) = |Y|^2$ 为判决统计量来完成频谱感知,由于 Y 是关于 h 的复高斯变量,显然关于 h 的 $T(Y)$ 变量服从指数分布。当虚警概率给定时,可以求出判决门限 λ。首先对所有正的 t,a,b,定义函数

$$\varphi(t, a, b) = \int_0^\infty e^{-h - \frac{t}{a + bh}} \mathrm{d}h \tag{3-8}$$

根据式(3-6),可得

$$E\{T(Y)\,|\,H_0,h\} = E\{\,|W|^2,\theta=0\} = 1+\beta_0 h \qquad (3\text{-}9)$$

由式(3-9),认知用户传输功率受限情况下,U_1 感知 PU 存在的虚警概率为[40]:

$$p_f = Pr(H_1\,|\,H_0) = Pr(T(Y)>\lambda\,|\,H_0)$$
$$= \int_0^\infty Pr(T(Y)>\lambda\,|\,H_0,h)f(h)\,\mathrm{d}h$$
$$= \int_0^\infty e^{-h-\frac{\lambda}{1+\beta_0 h}}\mathrm{d}h = \varphi(\lambda,1,\beta_0) \qquad (3\text{-}10)$$

同理,根据式(3-4)~(3-6)可得

$$E\{T(Y)\,|\,H_1,h\} = E\{\,|Y|^2,\theta=1\} = E\{\,|H|^2+|W|^2\}$$
$$= 1+P_1+\beta_1(1+P_2)h \qquad (3\text{-}11)$$

由式(3-11),U_1 依靠 U_2 协同感知 PU 存在的检测概率[40]为:

$$p_c^{(1)} = Pr(H_1\,|\,H_1) = Pr(T(Y)>\lambda\,|\,H_1)$$
$$= \int_0^\infty Pr(T(Y)>\lambda\,|\,H_1,h)f(h)\,\mathrm{d}h$$
$$= \int_0^\infty e^{-h-\frac{\lambda}{1+P_1+\beta_1(1+P_2)h}}\mathrm{d}h$$
$$= \varphi(\lambda,1+P_1,\beta_1(1+P_2)) \qquad (3\text{-}12)$$

这里判决门限 λ 由式(3-10)确定,$\beta_0(\theta=0)$ 是 PU 不存在时的放大比例因子,$\beta_1(\theta=1)$ 是 PU 存在时的放大比例因子。

U_1 依靠 U_2 协同感知 PU 存在的漏检概率为:

$$p_m = Pr(H_0\,|\,H_1) = 1-Pr(H_1\,|\,H_1) = 1-\varphi(\lambda,1+P_1,\beta_1(1+P_2)) \qquad (3\text{-}13)$$

U_1 依靠 U_2 协同感知 PU 不存在的检测概率为:

$$p_{cH_0} = Pr(H_0\,|\,H_0) = 1-Pr(H_1\,|\,H_0)$$
$$= 1-\varphi(\lambda,1,\beta_0) \qquad (3\text{-}14)$$

2. 独立检测概率

非协同状态下,U_1 和 U_2 从主用户接收到的信号为 $Y_n^i = \theta h_{pi}+w_i,(i=1,2)$,则 U_1 和 U_2 独立感知 PU 存在的虚警概率都为

$$\alpha = Pr\{H_1\,|\,H_0\} = Pr\{T(Y_n^i)>\lambda\,|\,H_0\}$$
$$= \int_\lambda^\infty \exp(-t)\mathrm{d}t = \exp(-\lambda) \qquad (3\text{-}15)$$

U_1 和 U_2 独立感知 PU 存在的检测概率分别为

$$p_n^{(1)} = Pr\{H_1 | H_1, i = 1\} = Pr\{T(Y_n^i) > \lambda | H_1, i = 1\}$$

$$= \int_\lambda^\infty \frac{1}{1 + P_1} \cdot \exp\left(-\frac{t}{1 + P_1}\right) dt$$

$$= \exp\left(-\frac{\lambda}{1 + P_1}\right) = \alpha^{\frac{1}{1 + P_1}} \qquad (3\text{-}16)$$

$$p_n^{(2)} = Pr\{H_1 | H_1, i = 2\} = Pr\{T(Y_n^i) > \lambda | H_1, i = 2\}$$

$$= \int_\lambda^\infty \frac{1}{1 + P_2} \cdot \exp\left(-\frac{t}{1 + P_2}\right) dt$$

$$= \exp\left(-\frac{\lambda}{1 + P_2}\right) = \alpha^{\frac{1}{1 + P_2}} \qquad (3\text{-}17)$$

U_1 和 U_2 独立感知 PU 不存在的检测概率都为

$$p_{nH_0} = Pr(H_0 | H_0) = 1 - Pr(H_1 | H_0) = 1 - \alpha \qquad (3\text{-}18)$$

3. 传输功率非受限时的协同检测概率

用户传输功率非受限方案下，用户 U_2 利用 AF 协议放大信号的比例因子 $\beta = 1/G_{12}$，$\beta_\theta = 1$，根据式(3-10) 和(3-12)，可得传输功率非受限时，U_1 的虚警概率和协同检测概率[38] 分别为：

$$p_f^{un} = \int_0^\infty Pr(T(Y) > \lambda | H_0, h) f(h) dh$$

$$= \int_0^\infty e^{-h - \frac{\lambda}{1 + h}} dh = \varphi(\lambda, 1, 1) \qquad (3\text{-}19)$$

$$p_c^{un1} = \int_0^\infty Pr(T(Y) > \lambda | H_1, h) f(h) dh$$

$$= \int_0^\infty e^{-h - \frac{\lambda}{1 + P_1 + (1 + P_2)h}} dh$$

$$= \varphi(\lambda, 1 + P_1, 1 + P_2) \qquad (3\text{-}20)$$

3.2.3　路径损耗模型

从式(3-10)(3-12) 可以看出，只要 G_{12} 确定，虚警概率和协同检测概率就可以确定。因此需要讨论 G_{12} 与哪些参量有关。

已知简化的实际无线信道路径损耗经验模型[98] 为：

$$P_r = P_t \cdot L \cdot \left(\frac{d}{d_0}\right)^{-\delta} \qquad (3\text{-}21)$$

(3-21)对应的分贝值表示为：

$$P_r(\mathrm{dB}) = P_t(\mathrm{dB}) + L_0(\mathrm{dB}) - 10\delta\log_{10}\left(\frac{d}{d_0}\right) \qquad (3\text{-}22)$$

式中：P_t 代表发射功率（SNR）；P_r 代表接收功率（SNR）；d 是发射机到接收机之间的距离；d_0 是参考距离；δ 是信道路径损耗指数，变化范围 $2\sim6$；L 为衰减因子，是一个依赖于天线特性和平均信道损耗的常系数，主要由频率决定。

用简化模型近似实测数据时，常把 L 取为全向天线在 d_0 处的自由空间路径增益（路径损耗的分贝值）：

$$L_0(\mathrm{dB}) = 20\log_{10}\left(\frac{\lambda}{4\pi d_0}\right), \ \lambda = c/f \qquad (3\text{-}23)$$

式中：L_0 通常用参考距离 d_0 处的实测数据确定，并可以通过最小化模型和实测数据之间的均方误差来优化（并一同优化 δ）；λ 为波长；c 为光速；f 为载波频率，本文取 $d_0 = 1$ m。

考虑到一般情况，用 h_{ij} 表示从发射机 j 到接收机 i 的复数信道系数，根据式（3-21），可得到：

$$|h_{ij}|^2 = \frac{P_{r,i}}{P_{t,j}} = \frac{L}{d_{ij}^{\delta}}, i = 1,2; j = 1,2 \qquad (3\text{-}24)$$

对照图 3-1，d_1 和 d_2 分别为主用户 PU 到认知用户 U_1 和 U_2 的距离，d_{12} 为认知用户 U_1 与 U_2 之间的距离，主用户 PU 和认知用户 U_1 所在直线与主用户 PU 和认知用户 U_2 所在直线间的夹角为 ω。显然，视信道的不同，U_1 可以经过 d_1 独立感知 PU，也可以经过路径 d_2 转 d_{12} 协同感知 PU。根据式（3-21）（3-24）容易得到：

$$P_1 = P_t \cdot L \cdot \left(\frac{d_1}{d_0}\right)^{-\delta_1}$$

$$P_2 = P_t \cdot L \cdot \left(\frac{d_2}{d_0}\right)^{-\delta_2}$$

$$G_{12} = \frac{L}{d_{12}^{\delta_2}} \qquad (3\text{-}25)$$

式中：P_t 是 PU 的发射功率（SNR）；δ_1 代表 U_1 与 PU 间的信道路径损耗指数；δ_2 代表 U_1 与 PU 间经中继 U_2 信道（即 PU 信号通过中

继 U_2 传输到 U_1 所经信道）的路径损耗指数。

根据图 3-1，由三角形三边关系式：

$$d_{12} = \left(d_1^2 + d_2^2 - 2d_1 d_2 \cos \omega \right)^{\frac{1}{2}} \tag{3-26}$$

及式（3-25）可得：

$$G_{12} = L \cdot \left[\left(\frac{P_t}{P_1} L \right)^{\frac{2}{\delta_1}} + \left(\frac{P_t}{P_2} L \right)^{\frac{2}{\delta_2}} - 2 \left(\frac{P_t}{P_1} L \right)^{\frac{1}{\delta_1}} \cdot \left(\frac{P_t}{P_2} L \right)^{\frac{1}{\delta_2}} \cdot \cos \omega \right]^{-\frac{\delta_2}{2}} \tag{3-27}$$

由此看出，协同检测概率受路径损耗指数、衰减因子（频率）、传输功率、地理位置等多维度因素的影响。

3.2.4　CRNs 系统协同性能指标

首先，假设两认知用户 U_1 和 U_2 感知 PU 的虚警概率相等，并将认知用户 U_1 的协同检测概率增益定义为：

$$g_p = p_c^{(1)} - p_n^{(1)} \tag{3-28}$$

如果 $g_p > 0$，则说明 U_1 存在协同检测概率增益，即频谱感知准确性可以得到改善。

利用 OR 准则可以得到两认知用户网络系统的协同与非协同检测概率分别为：

$$p_{SC} = p_c^{(1)} + p_n^{(2)} - p_c^{(1)} p_n^{(2)} \tag{3-29}$$

$$p_{SN} = p_n^{(1)} + p_n^{(2)} - p_n^{(1)} p_n^{(2)} \tag{3-30}$$

两认知用户网络系统的协同检测概率增益定义为：

$$\begin{aligned} g_s &= p_{SC} - p_{SN} \\ &= (1 - p_n^{(2)}) \cdot (p_c^{(1)} - p_n^{(1)}) \\ &= (1 - p_n^{(2)}) \cdot g_p \end{aligned} \tag{3-31}$$

因为 $1 - p_n^{(2)} \geq 0$ 恒成立，所以只要满足 $g_p > 0$，系统就可获得协同概率增益，即 $g_s > 0$，由此可得下述命题：

命题 1：满足认知用户 U_1 实现协同检测概率增益的条件和多维度因素同样适用于整个 CRNs 系统实现协同检测概率增益。

命题 2：当 $p_2 \to \infty$ 时，$\lim\limits_{p_2 \to \infty} (1 - p_n^{(2)}) \approx 0$，则 $\lim\limits_{p_2 \to \infty} g_s = 0$，因此，此时两认知用户网络系统不存在协同检测概率增益。

3.3 协同感知性能分析

本节主要讨论认知用户传输功率受限情况下,角度、路径损耗指数、衰减因子、传输功率和距离等多维度因素对 U_1 和整个 CRNs 系统协同感知性能的影响及实现最佳协同性能的优化方案。

3.3.1 协同感知的信号多维可达性

文献[38]研究了 $\omega = 0°$ 时的频谱感知性能,本文主要对在传输功率受限情况下,ω 取任意值的情形进行讨论,因为这种更接近于实际无线工作环境,所得结论适用于任何随机设定的用户间空间位置。首先,假定期望的检测概率为 A^*,虚警概率 α 已知,当认知用户 U_1 独立检测概率 $p_n^{(1)} < A^*$ 时,就需要寻求检测概率 $p_n^{(2)} > A^*$ 的认知用户 U_2 作为协同中继,也就是说 U_1 的接收功率 P_1 小于临界功率 P_1^* 时要采用协同感知,P_1^* 可通过式(3-16)求得

$$\alpha^{\frac{1}{1+P_1^*}} = A^* \Rightarrow P_1^* = \frac{\ln(\alpha/A^*)}{\ln A^*} \tag{3-32}$$

1. 角度对协同感知性能的影响

从图 3-1 可以看出随着角度 ω 的增加,U_1 和 U_2 之间的距离 d_{12} 越来越大,G_{12} 就会减小,由式(3-12)可知,$p_c^{(1)}$ 是关于 G_{12} 的增函数,所以传输功率受限时,协同检测概率 $p_c^{(1)}$ 便会随角度 ω 的增加而减小。因此,如果 U_1 和 U_2 要实现协同检测,角度 ω 不能任意增大,当协同检测概率增益 $g_p = 0$ 时,可得到最大抑制角度 ω_{max}。由此,可以得出下述命题:

命题 3: 对所有 $P_2 > P_1^* > P_1$,以 PU 与 U_1 连接线为极轴,当 PU 与 U_1 的连接线及 PU 与 U_2 的连接线间的夹角 $\omega \in (-\omega_{max}, \omega_{max})$ 时,有 $g_p > 0$,即 $p_c^{(1)} > p_n^{(1)}$。ω_{max} 可由下式求得

$$g_p \mid_{\omega_{max}} = p_c^{(1)} - p_n^{(1)} \mid_{\omega_{max}} = 0 \tag{3-33}$$

命题 4: 对所有 $P_2 > P_1^* > P_1$,P_2 存在一个最小功率 P_{2min} 和最大功率 P_{2max}($P_{2min} \neq P_{2max}$)满足下列条件:当 $P_2 = P_{2min}$ 或 $P_2 = P_{2max}$ 时,$g_p = 0$,当 $P_{2min} < P_2 < P_{2max}$ 时,$g_p > 0$。若 $P_{2min} = P_{2max}$,则有

$\max\{p_c^{(1)}\} = p_n^{(1)}$，如图 3-4 中 $P_1 = 20\ dB$ 所示情况。P_{2min}，P_{2max} 由下式可得：

$$\begin{cases} g_p\mid_{P_{2min},P_{2max}} = p_c^{(1)} - p_n^{(1)}\mid_{P_{2min},P_{2max}} = 0 \\ \dfrac{\partial g_p}{\partial P_2}\mid_{P_{2min}} > 0, \dfrac{\partial g_p}{\partial P_2}\mid_{P_{2max}} < 0, \dfrac{\partial g_p}{\partial P_2}\mid_{P_{2min}=P_{2max}} = 0 \end{cases} \tag{3-34}$$

需要注意的是：此命题中的角度范围满足命题 3。

　　本节采用数值仿真验证上述命题，取 $P = P_{2max} = P_t = 0\ dB$。图 3-3a 是当 $P_1 = 0\ dB$，虚警概率 $\alpha = 0.1$，路径损耗指数 $\delta_1 = \delta_2 = 3.5$，$P_2$ 分别取 10 dB，15 dB，25 dB，35 dB，45 dB 时，U_1 的协同检测概率随角度 ω 变化的曲线。可以观察到对某个确定的 P_2，随着角度 ω 的增加，协同检测概率单调递减，$\omega = 0°$ 时对应的协同检测概率最大，当 ω 达到最大抑制角度 ω_{max} 时开始出现 $p_c^{(1)} < p_n^{(1)}$。$P_2 = 10$ dB 时 U_1 所对应的最大协同检测概率较理想，其最大抑制角度 $\omega_{max} \approx 60°$。图 3-3b 是 ω 分别为 $0°$、$30°$、$45°$、$60°$ 时，U_1 的协同检测概率增益随 P_2 的变化曲线，可以看到 $\omega = 0°$ 时 U_1 的最大协同检测概率增益最优，其准确度可提高近 14%；$\omega = 60°$ 时其最大协同检测概率增益趋近于 0，这进一步说明了最大协同概率增益随角度的增加而减少，从而证明了命题 3 的正确性。此外需要注意的是：$\omega = 0°$，也就是 PU 与 U_1，U_2 三者共线，虽然理论上可以得到最大协同检测概率，但前提是三者之间不存在隐藏终端问题。假如中继用户 U_2 接收 PU 信号的能力很强，而 U_1 和 U_2 间存在较大障碍物，此时 U_2 转发信号给 U_1 存在较大的不确定性，因而当发生这种情况时感知结果的准确性会受到很大影响。

　　图 3-4 是对命题 4 的验证，描述了虚警概率 $\alpha = 0.1$，路径损耗指数 $\delta_1 = 3.5$，$\delta_2 = 3.5$，角度 $\omega = 30°$，P_1 分别为 0 dB，4 dB，7.8 dB，20 dB 时，U_1 的协同检测概率与 P_2 的关系曲线。可以注意到，对各个 P_1，当 $P_2 \in (P_{2min}, P_{2max})$ 时协同检测概率大于独立检测概率（$g_p > 0$），即可实现协同感知；另外，随着 P_1 的增加，U_1 的协同检测概率也随之大幅度增加，但 U_2 的协同感知分布范围变窄，即 P_{2max} 与 P_{2min} 之差变小；当 $P_1 = 20\ dB$ 时，P_{2min} 趋近于 P_{2max}，$\max\{p_c^{(1)}\} =$

$0.974, p_n^{(1)} = 0.977, \max\{p_c^{(1)}\} \approx p_n^{(1)}$，同时也说明最大协同检测概率增益随 P_1 的增加而减少，因此当 P_1 增加到某一程度时再选择中继协同并不适宜。

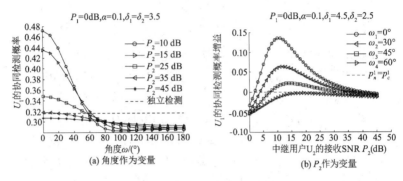

图 3-3 角度对 U_1 检测准确性的影响

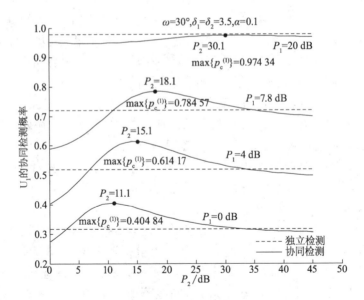

图 3-4 U_1 的协同检测概率与 U_2 接收功率（SNR）的关系

命题 3 讨论的是实现协同角度维度上的优化条件，但在求最大角度时很难得到一个闭解析式，需要靠软件编程计算，现提出一个较容易的判别方法。假设系统模型中中继用户 U_2 带有 GPS 定位功能,可以通过 GPS 系统获得自己的网络位置信息,由此可以分别求得中继用户 U_2 与 PU、U_1 之间的距离 d_2 和 d_{12},以及方向角 ω。当 $d_2 \leqslant r(\text{PU})$ 且 $d_{12} \leqslant r(U_1)$ 时,$r(\text{PU})$ 和 $r(U_1)$ 分别为 PU 和 U_1 的发射覆盖范围半径,可得命题 5:

命题 5: 当 U_2 在 PU 与 U_1 连接轴上的投影到 PU 的距离 $d_2^{\text{T}} = d_2 \cdot \cos \omega \in (d_{\text{min0}}, d_{\text{max0}})$ 时,有 $p_c^{(1)} > p_n^{(1)}$。$d_{\text{min0}}, d_{\text{max0}}$ 分别为 $\omega = 0°$,$p_c^{(1)} - p_n^{(1)} \geqslant 0$ 时 U_2 到 PU 的最小和最大距离。$d_{\text{min0}}, d_{\text{max0}}$ 对应的 d_2 即是 $\omega = 0°$ 时的 $d_{2\text{min}}, d_{2\text{max}}$,可由命题 4 求得。

为了验证命题 5,可求得图 3-4 中 $P_1 = 0$ dB,$g_p = 0$ 时对应的 P_2 值为 $P_{2\text{min}} = 2.825$ dB,$P_{2\text{max}} = 33.593$ dB,由式(3-25)算得其距离为 $d_{2\text{min}} = 109.653$ m,$d_{2\text{max}} = 830.381$ m;它们在极轴上的投影根据命题 5 中式 $d_2^{\text{T}} = d_2 \cdot \cos \omega$ 计算可得,分别为 94.962 m,719.131 m,恰介于图 3-5 中 $\omega = 0°$,$P_1 = 0$ dB,$g_p = 0$ 时所对应的距离 $d_{\text{min0}} = 93.169$ m,$d_{\text{max0}} = 882.882$ m 之间,所以 U_2 可以作为 U_1 的中继实现协同感知,以提高 U_1 的协同检测概率增益。

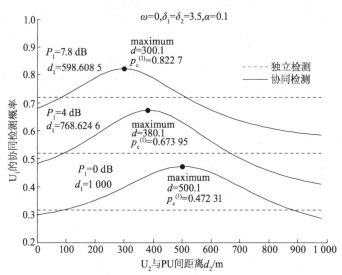

图 3-5　U_1 的协同检测概率与 U_2 位置的关系

综合上述仿真分析,满足上述命题 3—5 中的任一命题都可实现协同,从而可以改善整个 CRNs 系统频谱感知的准确性。

2. 路径损耗指数 δ 的影响

路径损耗指数与传播环境复杂度、频率及天线高度有关,环境越复杂,受到阴影衰落,隐藏终端问题影响越严重,路径损耗指数也就越大,此外路径损耗指数随频率升高而增大,随天线增高而下降[99]。可见路径损耗指数正是根据信道状态信息判别是否选择协同的重要参数,文献[38 - 41,100 - 101]假设 PU 与 U_1,PU 与 U_2 间的路径损耗指数相同则不太合理。因此在其他条件不变时,要实现协同的参数优化,需满足命题 6。

命题 6: 当 PU 与 U_2,U_1 与 U_2 之间的路径损耗指数 δ_2 小于 PU 与 U_1 间路径损耗指数 δ_1 或 PU 与 U_2,U_1 与 U_2 之间为视距传输,PU 与 U_1 之间非视距传输时,协同感知性能可以得到较大优化,即

$$\max\{g_p(\delta_2 < \delta_1)\} > \max\{g_p(\delta_2 \geqslant \delta_1)\} \tag{3-35}$$

数值仿真验证上述命题,图 3-6 描述了 U_1 不同路径损耗指数 δ_2 的协同检测概率增益 g_p 与 P_2 的关系曲线图。根据 IEEE 802.22 工作组对工作在授权 TV 频带的认知无线电接收信号灵敏度的定义,设认知用户 U_1 的接收信号 $P_1 = -22$ dB(DTV 信号 SNR)[102],$\omega = 30°$,$\alpha = 0.1$,$\delta_1 = 4.5$,$L_0 = 0$ dB,$P = P_{2\max} = P_t = 20$ dB。从图 3-6 可以看出,最大协同检测概率增益随 δ_2 的减小而增加,当 $\delta_2 < \delta_1$ 时存在 $g_p > 0$,$\delta_2 = 2$ 时最大概率增益接近 14%,而 $\delta_2 \geqslant \delta_1$ 时增益趋近于零。因此,选择符合上述命题条件的中继用户 U_2,U_1 就可以实现较理想的协同检测概率增益。

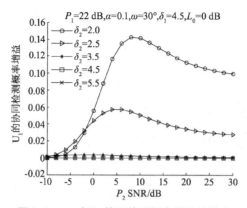

图 3-6　δ_2 对 U_1 协同检测概率增益的影响

3. 衰减因子 L（或频率）的影响

由式（3-23）可知衰减因子随频率的增加而减小，而接收信号 SNR 又因衰减因子的减小而降低，因此协同检测概率 $p_c^{(1)}$ 是关于衰减因子 L 的增函数，是关于频率的减函数，随衰减因子 L 的增加而提高，随频率的升高而降低。由于存在对数关系，在这里对影响自由空间路径增益 L_0 的分贝值进行分析。在数值仿真中发现，当信号在低频段时 L_0 值相对较高，L_0 与频率的关系比较灵敏，最大协同检测概率增益会随 L_0 值的增加而提高；而在 200 MHz 以上的高频段，频率的变化对 L_0 值的影响已经很小，频率的变化几乎不会给协同感知性能带来影响，即不会带来协同检测概率增益。

图 3-7 是不同衰减因子的协同检测概率增益和变量 P_2 的关系曲线图，设 $\omega = 30°$，$\alpha = 0.1$，$\delta_1 = 4.5$，$\delta_2 = 2.5$，$P = P_{2\max} = P_t = 20$ dB，$P_1 = -22$ dB（DTV 信号），从图中可以看到，协同检测概率增益随 L_0 的增加而增加，$L_0 = 10$ dB 时 U_1 的最大协同检测概率增益可达 18%，而当 $L_0 \leqslant -20$ dB（$f \geqslant 238.7$ MHz）时，协同检测概率增益基本拟合在同一曲线上。因此，在超过 200 MHz 的高频段时，基本可以忽略衰减因子对协同感知准确度的影响。

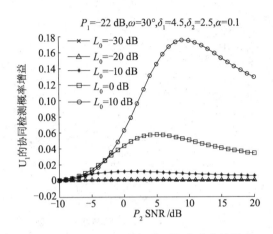

图 3-7　L_0（频率）对协同检测概率增益的影响

4. 传输功率对协同感知性能的影响

由式(3-12)可知认知用户传输功率对协同感知的性能也会产生影响。到底会产生怎样的影响呢？经过大量数值仿真，任取其中两例加以说明。图 3-8 为不同传输功率时，U_1 的协同检测概率增益与 P_2 的变化关系图。令 $P_t = 20$ dB，$P_1 = -10$ dB，$\alpha = 0.1$，$\delta_1 = 4.5$，$\delta_2 = 2.5$，$\omega = 30°$，k 分别取 1.6，1.0，0.5，0.1，0.01。从图中可以看出，最大协同检测概率增益随传输功率的增加而提高，所需要的协同中继 U_2 的接收功率信噪比也随之逐渐增加；认知用户协同检测概率增益达最大值后，传输功率变化对感知性能的影响较协同检测概率增益达最大值前相对较灵敏。

图 3-9 为不同传输功率时，认知系统的协同检测概率增益与 P_2 的变化曲线图。仿真条件同图 3-8，可以发现，系统最大协同检测概率增益也随传输功率的增加而增加，所需要的协同中继 U_2 的接收功率信噪比反而随之减小，但变化幅度较小，相应曲线基本呈对称分布。从图中还可以发现对于某一确定的 k 值，$\lim\limits_{P_2 \to \infty} g_s = 0$，此时两认知用户网络系统不存在协同检测概率增益，这验证了命题 2 的正确性。

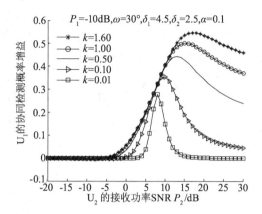

图 3-8　认知用户传输功率对 U_1 的协同检测概率增益的影响

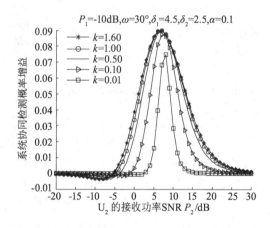

图 3-9　认知用户传输功率对整个认知系统协同检测概率增益的影响

5. 协同中继用户 U_2 空间分布范围的优化

由 3.2.3 节可知,认知用户与主用户的距离会对检测概率产生影响,当不考虑阴影、障碍物等因素的影响时,根据式(3-25),距离因素的影响可等价于接收功率(SNR)的影响,认知用户与主用户的距离决定了认知用户的接收信号能力。当中继用户距离主用户较近时,接收功率较大,感知主用户存在的准确性必然会较高,但不是距离主用户越近协同感知性能就越理想。如图 3-10 所示,对

于某一确定的 P_1,当 P_2 趋于无穷大时,U_1 的协同检测概率增益反而变小,甚至出现负增长。因此,U_2 需要找到一个最佳的协同空间位置才能实现最优协同检测概率增益。

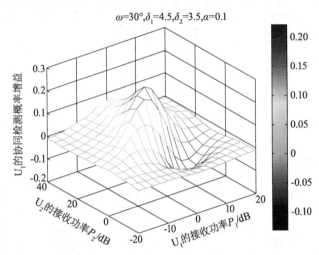

图 3-10　U_1 协同检测概率增益与 P_1 和 P_2 的关系

快速合理地选择协同中继用户不但可以提高协同检测概率的准确性,也可以减少感知时间和实际能量开销。为实现这一目标,一般有两种方法:基于位置信息的选择算法和基于平均接收功率(SNR)的选择算法。本文结合这两种算法给出了命题 7。

命题 7:当 PU 与 U_1 的位置固定,要想实现协同检测概率增益,则认知中继用户 U_2 分布在这样一个截锥体形空间内:以 PU 与 U_1 间的连线为中心轴,ω_{max} 为中心角,并且其在中心轴的投影到 PU 的距离恰在区间 (d_{min0}, d_{max0}) 内。

图 3-11 为认知用户 U_1 的接收功率信噪比 P_1 与认知中继用户 U_2 所在分布空间的接收功率信噪比的轮廓图。从图中可以看出,当 $\omega = 30°$,$\delta_1 = 4.5$,$\delta_2 = 2.5$,$P_t = 20$ dB,$10^{P/10} = 10^{P_{2max}/10} = 0.8 \cdot 10^{P_t/10}$,$\alpha = 0.1$ 时,对于某个特定的 P_1,比如 $P_1 = -10$ dB,当 $P_2 \geq -5$ dB 时 U_1 的协同检测概率增益开始大于 0,甚至可获得大于 0.5 的协同检测概率增益,但 P_2 不能无限大,当 P_2 约为 20 dB 时

协同检测概率增益减小到 0.4。因此,当认知用户 U_1 的位置固定,可以根据最小期望概率获得最小期望概率增益,从而确定在某一方向角上中继用户所在空间位置的接收功率(SNR),再根据式(3-25)算出与 PU 的距离。此方法不仅可以降低计算复杂度,而且可以增强协同感知的鲁棒性。

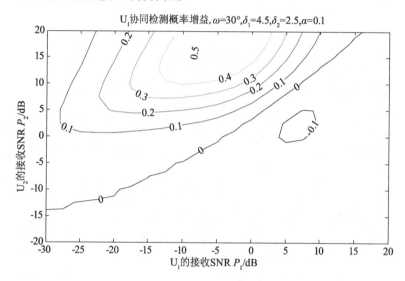

图 3-11 U_2 所在空间的接收功率(SNR)分布轮廓图

3.3.2   时间有效性分析

如果在协同感知方案下平均感知时间减少,那就意味着用户时间灵敏度增益(速度)有提高。为了显示协同对总体感知时间的影响,定义协同程度不同的两种方案。

(1)部分协同方案:CR 用户独立检测 PU 的出现,但是第一个感知到 PU 出现的 CR 用户将通知其他 CR 用户。

(2)完全协同方案:U_1 利用 U_2 作为中继用户以改善它自身的感知性能,同时第一个感知到主用户 PU 出现的 CR 用户将通知其他 CR 用户。

用 T_n 表示部分协同方案下的检测时间,T_c 表示完全协同方案下中继用户有功率限制的感知时间[40],则

$$T_n = \frac{2 - \dfrac{p_n^{(1)} + p_n^{(2)}}{2}}{p_n^{(1)} + p_n^{(2)} - p_n^{(1)} p_n^{(2)}} \tag{3-36}$$

$$T_c = \frac{2 - \dfrac{p_c^{(1)} + p_n^{(2)}}{2}}{p_c^{(1)} + p_n^{(2)} - p_c^{(1)} p_n^{(2)}} \tag{3-37}$$

用 μ 表示用户时间灵敏度增益并定义为:

$$\mu = \frac{T_n}{T_c} \tag{3-38}$$

时间灵敏度增益表示利用协同中继后,两认知用户网络系统感知时间的减少,如果 $\mu > 1$,则存在时间灵敏度增益,即感知时间有所减少。从上式可以看出,μ 是关于检测概率的函数,所以前述信号可达性多维优化条件和命题同样适用于时间灵敏度增益的协同优化。

图 3-12a 中,描述了虚警概率 $\alpha = 0.1$,路径损耗指数 $\delta_1 = 4.5$,$\delta_2 = 2.5$,$P_1 = 0$ dB,角度 ω 分别为 $0,30°,45°,60°$ 时 U_1 的时间灵敏度增益与 P_2 的关系曲线。对某个确定角度,当 U_2 在最佳位置时可以获得最大时间灵敏度增益,此外随着角度的增加,最大时间灵敏度增益会减小,当 $\omega = 60°$ 时最大时间灵敏度增益近似为 1,这说明角度的增加会导致感知时间的延长。

图 3-12b 为 $\omega = 30°$,虚警概率 $\alpha = 0.1$,路径损耗指数 $\delta_1 = 3.5$,$\delta_2 = 3.5$,P_1 分别为 0 dB,4 dB,7.8 dB,20 dB 时,U_1 时间灵敏度增益随 P_2 变化的曲线,可注意到最大时间灵敏度增益随 P_1 增加而减小,并且其对应的 P_2 值也随之越来越大,即 U_2 距 PU 越来越近。因此当角度为某个确定值时,U_1 的最大时间灵敏度增益即感知时间的减少由 P_1 决定,进而说明此协同方案对于接收信号能力弱的认知用户效果更明显。

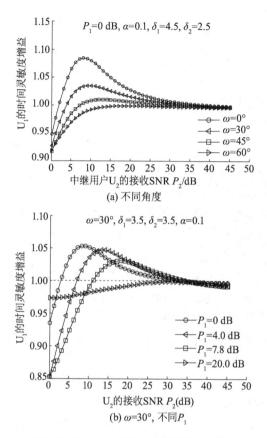

(a) 不同角度

(b) $\omega=30°$，不同 P_1

图 3-12　U_1 的时间灵敏度增益与 P_2 关系

图 3-13 描述了路径损耗因子、角度对 U_1 时间灵敏度的影响，可以发现 U_1 最大时间灵敏度增益随路径损耗因子的增加而明显降低，当两认知用户接收功率一定，$\delta_2 = 2.5$ 时协同频谱感知的最大时间灵敏度增益与独立感知相比，可提高近 12%。对于某一确定的路径损耗因子，时间灵敏度增益随绝对角度的增加而递减，并且在角度 $\omega \in [-180°, 180°]$ 范围内对称分布，$\omega = 0°$ 时可获得最大时间灵敏度增益，从而验证了路径损耗因子和角度维对信号可达性的影响和优化命题同样适用于时间灵敏度增益。

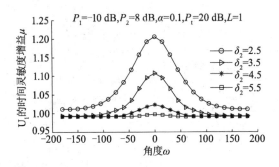

图 3-13　路径损耗因子、角度对时间灵敏度增益的影响

图 3-14 描述了时间灵敏度增益与衰减因子 L_0 和中继用户 U_2 接收信号功率 P_2（SNR）的变化关系，参数 $\omega = 30°, \alpha = 0.1, \delta_1 = 4.5, \delta_2 = 2.5, P = P_{2\max} = P_t = 20$ dB，$P_1 = -22$ dB。由式（3-23）可算得 433 MHz，900 MHz，2.4 GHz 3 个频段的衰减因子 L_0 分别为 -25.17 dB，-31.54 dB，-40.05 dB，从图中可以观察到这 3 点所对应的时间灵敏度增益基本相等，当 L_0 大于 -20 dB 时，最大时间灵敏度增益开始逐渐增长，$L_0 = 20$ dB 时最大时间灵敏度增益约为 1.2，这意味着平均感知时间可减少近 17%。可见，当 3 个用户在空间随机分布，因某些不确定因素（衰落、阴影或距离 PU 较远等）U_1 不能正确感知 PU 是否工作而 U_2 可以时，U_1 和 U_2 之间通过满足前述多维协同优化条件进行分集协作，时间有效性可以得到较大的改善。

图 3-15 为不同传输功率时，U_1 的时间灵敏度增益与 P_2 的关系曲线图。令 $\alpha = 0.1, P_t = 20$ dB，$P_1 = -10$ dB，$k = \dfrac{10^{P/10}}{10^{P_t/10}} = \dfrac{10^{P_{2\max}/10}}{10^{P_t/10}} = 1.6, 1, 0.5, 0.1, 0.01, \delta_1 = 4.5, \delta_2 = 2.5, \omega = 30°$，从图中可以看出，最大时间灵敏度增益随传输功率的增加而提高，对应的协同中继 U_2 的接收功率（SNR）也随之逐渐增加；在时间灵敏度增益达最大值后，传输功率变化对感知性能的影响较达最大值前相对较灵敏。

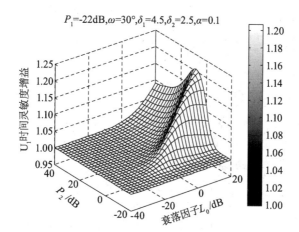

图 3-14 时间灵敏度与 L_0 及 P_2 的关系

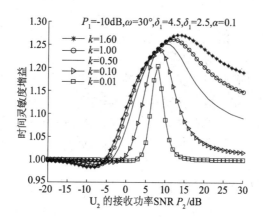

图 3-15 传输功率对 U_1 时间灵敏度增益的影响

3.4 协同感知性能的优化

  鉴于频谱感知技术的核心问题是如何实现检测准确性和检测有效性的合理折中,根据 3.3 节对协同感知信号多维可达性和时间有效性的分析,对于给定的虚警概率,希望最大化协同检测概率增益和/或时间灵敏度增益。用 G_{opt} 表示优化的目标函数,本文提出的两认知用户网络的优化协同频谱感知方案可表示为:

$$G_{opt} = \max[\, g_p \cup \mu\,]$$
$$\text{s. t.} \quad g_p > 0, \mu > 1 \qquad (3\text{-}39)$$

其中优化的约束条件为:

$$\delta_1 > \delta_2, \delta_1 \in [2,6], \delta_2 \in [2,6];$$
$$\omega \in (-\omega_{max}, \omega_{max});$$
$$L_0 \geqslant -20 \text{ dB}, d_0 = 1;$$
$$d_2^T = d_2 \cdot \cos \omega, \ d_2^T \in (d_{min0}, d_{max0});$$
$$P_2 > P^* > P_1;$$
$$0 \leqslant d_{min0} < d_{max0} \leqslant d_1, d_2 \geqslant 0_\circ$$

实现最优目标函数的各维度最优值可通过 $\text{argmax}[\, g_p \cup \mu\,]$ 获得。

各个用户在三维空间随机分布,地理位置、射频环境和环境背景等多维因素会对感知准确性和快速性带来影响。本方案在考虑这些多维因素的基础上,分析了当路径损耗指数、衰减因子、传输功率、角度和距离等维度满足一定的优化条件,可以克服深度衰落、阴影效应、隐藏节点等带来的负面影响,实现协同优化,最终提高认知网络对主用户的整体感知的准确度和快速性,使非主用户对主用户通信产生的不利影响减小到最低限度。

3.5 协同感知的蒙特卡洛仿真

3.2 节描述的系统模型的整个工作过程的收发信号仿真如图 3-16 所示。令 $P_1 = 0$ dB,$P_2 = 10$ dB,$P = P_{2max} = P_t = 20$ dB,$\omega = 30°$,$\delta_1 = 4.5$,$\delta_2 = 2.5$,PU 与 U_1 间信道为瑞利信道,PU 与 U_2 和 U_2 与 U_1 间的信道为 AWGN 信道,PU 发射信号为 QPSK 信号,抽样 256 bit,PU 存在和不存在的时间 t 都为 0.25 ms,如图中"信号源"所示;在时隙 T_1,U_1 接收来自 PU 的信号(经过衰落信道)如图 3-16b 所示(独立感知信号);经标准化处理后如图 3-16c 所示;在时隙 T_2,U_1 接收的中继用户 U_2 放大转发的信号经标准化处理后如

图 3-16d 所示。

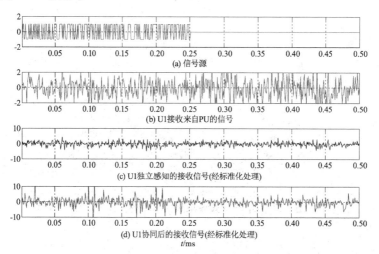

图 3-16　不同时隙信号图

　　图 3-17 为上图无线环境中 U_1 检测概率与虚警概率的关系曲线图,从图中可以观察到不管是实际仿真还是数值仿真,仿真结果都证实了所研究的协同感知方案的频谱感知性能要优于独立感知时的性能。此外,当虚警概率小于 0.3 时,协同感知的蒙特卡洛仿真结果与理论分析结果基本拟合,特别是虚警概率较小时,两条曲线基本重合,而实际应用中所要求的虚警概率要小于 0.01,因此,所提协同方案在此工作条件下恰好可以满足要求,从而证明了该方案的合理性与可行性。

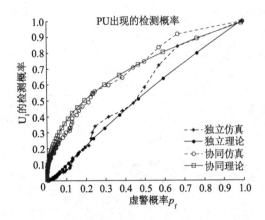

图 3-17　U_1 检测概率与虚警概率的关系曲线图

3.6　最优判决门限的选择

从 3.5 节可以知道,当两认知用户的接收功率 P_1 和 P_2 已知时,虚警概率随检测概率的提高而增高,高的虚警概率会导致低的频谱利用率,而高的漏检概率(低的检测概率)则会导致检测不到正处于工作状态的主用户,从而造成对主用户的干扰,这二者都是应该极力避免的问题。为了实现这二者的折中,需最小化平均错误检测概率 $p_e = p_m + p_f$,这就要求选择最优的判决门限 λ^*,λ^* 可表示为

$$\lambda^* = \arg \min_{\lambda} (p_f + p_m) \qquad (3\text{-}40)$$

当

$$\frac{\partial p_f}{\partial \lambda} + \frac{\partial p_m}{\partial \lambda} = 0 \qquad (3\text{-}41)$$

时,可求得 λ^*,$\dfrac{\partial p_f}{\partial \lambda}$ 和 $\dfrac{\partial p_m}{\partial \lambda}$ 的推导如下:

$$\frac{\partial p_f}{\partial \lambda} = \frac{\partial \varphi(\lambda, 1, \beta_0)}{\partial \lambda} = \frac{\partial \int_0^{\infty} e^{-h - \frac{\lambda}{1+\beta_0 h}} dh}{\partial \lambda} \qquad (3\text{-}42)$$

$$\frac{\partial p_{\mathrm{m}}}{\partial \lambda} = \frac{\partial\left[1 - \varphi(\lambda, 1 + P_1, \beta_1(1 + P_2))\right]}{\partial \lambda}$$

$$= -\frac{\partial \int_0^\infty e^{-h - \overline{1 + \beta_1(1 + P_2)h}} \mathrm{d}h}{\partial \lambda} \tag{3-43}$$

将式(3-42)和(3-43)代入式(3-41)可求得传输功率受限情况下，两认知用户接收功率已知时协同感知的最优判决门限值 λ^*。

图 3-18 描述了传输功率受限情况下，$P_1 = 0$ dB，$P_2 = 4.3$ dB，$\omega = 30°$，$\delta_1 = 4.5$，$\delta_2 = 2$，$P = P_{2\max} = 13$ dB，$P_t = 3$ dB 时，平均错误检测概率 p_e 与判决门限 λ 的关系图。数值仿真所求的最小平均错误检测概率与蒙特卡洛仿真所得结果近似相等，其对应的最优判别门限值也很接近，这进一步验证了所提优化方案的可行性。

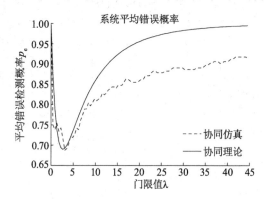

图 3-18　平均错误检测概率 p_e 与判决门限 λ 的关系图

3.7　主用户没有出现的感知

前面所讨论的都是采用感知主用户出现的协同感知方案来判断有无主用户，如果通过感知主用户没有出现的方法来判断有无主用户，所提的协同方案是否仍可行呢？我们认为，在实际复杂无线环境中，如果主用户处于工作状态，但由于阴影衰落、隐终端和噪声不确定等因素影响，认知用户独立感知时不能正确感知主用户出现而误判为主用户没有出现,因此当通过感知主用户没有出现的检测概率来评判感知性能时,独立感知检测结果理应大于协同感知情况。

根据 3.2 节所研究的协同感知模型和推导公式,进行数值仿真与蒙特卡洛仿真,如图 3-19 所示,仿真环境同图 3-16。从图 3-19 中可以观察到,当两认知用户接收功率(SNR)已知时,无论是理论分析还是实际仿真,U_1 独立感知 PU 没出现的检测概率都要大于协同感知所得的检测概率,而且检测概率随判决门限的增加而升高;虽然实际仿真结果比数值仿真结果略小,但基本趋势吻合;因此,利用所提协同方案求感知主用户不存在的正确检测概率比独立感知更准确。

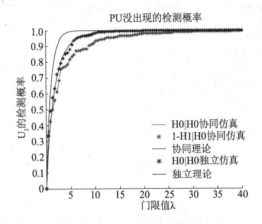

图 3-19 U_1 感知主用户没有出现的检测概率图

在 3.2 节协同感知方案下,为了获得最优的主用户 PU 没有出现的检测概率 p_{cH_0},可以构建下述优化目标函数:

$$\max_{G_{12}} P(H_0 \mid H_0)$$

$$\text{s. t. } P(H_0 \mid H_1) \leqslant \varepsilon \tag{3-44}$$

其中 ε 为期望最大漏检概率。将式(3-14)代入上式,实际问题可转化为下述优化问题:

$$\min_{G_{12}} \varphi(\lambda, 1, \beta_0) \tag{3-45}$$

$$\text{s. t. } p_{\text{m}} \leqslant \varepsilon$$

当 ε 给定时,由式(3-13)可得到判决门限值,代入式(3-45),可求得实现最小虚警概率(即最大化 p_{cH_0})时所要求的 G_{12} 值。

3.8　本章小结

本章主要讨论了两认知用户网络传输功率受限,用户位置在空间任意分布时如何实现协同频谱感知,以及影响协同感知正确性和快速性的多维度因素,并给出若干命题。当认知用户 U_1 需要认知用户 U_2 协同中继时,U_2 只可分布在三维空间以主用户 PU 为球心,以 PU 与认知用户 U_1 之间的连线为轴的球心角体内角度 $\omega \in (-\omega_{\text{max}}, \omega_{\text{max}})$,半径 $r \in (d_{2\text{min}}, d_{2\text{max}})$ 的部分才有可能实现协同中继,这样很大程度上缩小了 U_2 的分布范围,同时也可减少感知时间。

这个结论同样适用于多用户网络,对于半径 $r(U_1) \in (d_1^*, d_1)$ 的认知用户 U_1(d_1^* 为临界功率 P_1^* 所对应的距离,$d_1^* > d_{2\text{max}}$),可以在球心角体内 $\omega \in (-\omega_{\text{max}}, \omega_{\text{max}})$,半径 $r(U_2) \in (d_{2\text{min}}, d_{2\text{max}})$ 的区域内搜索中继认知用户 U_2,这样不仅可以缩小搜索范围,减少整个网络系统的感知时间,也可以降低整个网络感知的复杂度及用户间的相互干扰,从而可以改善协同频谱感知的性能。

本章还给出了实现协同感知的优化方案,最优判决门限的选择方法,感知主用户没有出现的性能分析,并分别采用蒙特卡洛方法和数值仿真验证所研究方案的合理性与可行性,特别是认知用户接收信号能力较弱时,协同感知性能的改善效果更显著。

第4章　双次协同频谱感知方案

4.1　引　言

第 3 章主要研究分析了基于中继的两认知用户网络单次协同感知的方案及优化,而对于多用户甚至大规模的认知网络,通过寻找最佳认知中继的方法,利用该方案也能够提高协同感知的性能;除此之外,也可将满足该方案优化条件的协同认知用户两两配对后分到不同子频段,再利用基于中继的两认知用户网络协同感知方案协同,同样可以得到较理想的感知性能。但是,在现实多用户场景中,由于用户随机分布,受到多径和衰落不尽相同,只有两认知用户协同往往不能实现期望的感知性能。为此,本章依据 2.4.2 节两步检测和文献[103]的思想,提出一种基于中继的双次协同频谱感知模型和算法,并通过理论分析和蒙特卡洛仿真验证所提模型的可实现性。

4.2　基于中继的双次协同感知原理

4.2.1　系统模型

认知无线电技术的要求是尽可能快速而准确地检测出主用户 PUs 是否在工作。为保护主用户不受干扰,认知节点 SUs 需进行周期性的频谱感知。在实际应用中,存在很多不利因素如信道衰落、阴影衰落、接收机的不确定性等,从而严重危害频谱感知的性能。图 4-1 所示是一个典型的多节点 CRAHN 双次协同频谱感知系统架构图,此 CRAHN 由 N_s 个协同认知节点对 $pair(U_i,SR_i)$ ($i=1,2$, $\cdots N_2$) 和一个认知基站组成。每个协同认知节点对包括一个认知节点 U_i 和一个认知中继 SR_i。各认知节点机会地工作在分配给主用户的授权信道上,经历独立同分布(i.i.d.)的 Rayleigh 衰落信道。当 U_i 位于主用户发射基站传输覆盖范围内,但受阴影和/或障碍物影响或靠近于传输覆盖区域边缘,同时接收主用户信号能力足够强的认知中继节点 SR_i 由于受阴影和或障碍物影响,不能正确传递信息给感知基站,此时认知节点正确感知主用户是否工作存在很大不确定性,甚至会产生"隐藏终端"问题,从而对主用户产生干扰,这正是认知节点在借用频谱过程中应该极力避免的问题。

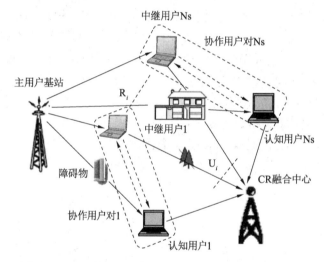

图 4-1　基于中继的双次协同感知系统架构图

针对这种恶劣的环境,本章提出 DCSS 双次协同频谱感知模型,在尽量不增加成本开销和设备复杂度的情况下,充分利用网络中已有资源,通过增强认知中继节点的使用机率来提高频谱感知的准确性和快速性。

该 DCSS 双次协同频谱感知模型的检测过程分为两个连续的协同阶段:第一阶段为基于中继的 AF 协同感知,亦称为单次协同感知(Single Cooperative Spectrum Sensing,SCSS)。需要协同的认知

节点 U_i 与接收信号能力足够强的认知中继节点 SR_i 两两协同感知,然后 U_i 再将中继协同感知的判决结果报告给感知融合中心。第二阶段为感知信息的融合判决。感知融合中心以接收到的各认知节点的判决为统计量,根据不同的数据融合准则,如 OR、AND、K-out of-N,进行第二次协同频谱感知,进而做出关于 PU 是否存在的最终判决。

4.2.2　第一次(单次)协同感知原理

根据文献 [112 – 114,104] 中基于中继的协同感知方案,假定所需协同的各认知节点 U_i 经历瑞利衰落信道与主用户 PU 间的瞬时信道增益为 $h_{p1,i}$,接收来自主用户 PU 信号功率的 SNR 为 $P_{U_i} = E\{|h_{p1,i}|^2\}$,$i = 1,2,\cdots N_s$;认知中继节点 SR_i 与主用户 PU 间的信道瞬时增益为 $h_{p2,i}$,接收来自主用户 PU 信号功率的 SNR 为 $P_{SR_i} = E\{|h_{p2,i}|^2\}$;认知节点 U_i 与中继节点 SR_i 间的瞬时信道增益为 $h_{12,i}$,平均信道增益 $G_{US,i} = E\{|h_{12,i}|^2\}$,各信道相互独立且同分布;PU 与 U_i 间的信道路径损耗指数为 $\eta_{1,i}$,PU 与 SR_i 和 SR_i 与 U_i 间的信道路径损耗指数为 $\eta_{2,i}$;以主用户 PU 为参考中心,U_i 与 SR_i 间所对应的中心角度为 ω_i,则第 i 个认知节点 U_i 的协同感知虚警概率 $p_{f,i}$ 和检测概率 $p_{c,i}$ 表达式分别为:

$$p_{f,i} = P(H_1 \mid H_0) = \int_0^\infty \exp\left(-h - \frac{\zeta_i}{1 + \beta_{0,i}h}\right)dh$$
$$= \varphi(\zeta_i, 1, \beta_{0,i}) \tag{4-1}$$

$$p_{c,i} = P(H_1 \mid H_1) = \int_0^\infty \exp\left(-h - \frac{\zeta_i}{(1 + P_{U_i}) + \beta_{1,i}(1 + P_{SR_i})h}\right)dh$$
$$= \varphi(\zeta_i, 1 + P_{U_i}, \beta_{1,i}(1 + P_{SR_i})) \tag{4-2}$$

式中:$\varphi(\zeta_i, a, b) = \int_0^\infty e^{-h - \frac{\zeta_i}{a+bh}}dh$,$\beta_{\theta,i} = \dfrac{P_{SR_i}^{\max} G_{US,i}}{\theta_i^2 P_{SR_i} + P_{U_i}^{\max} G_{US,i} + 1}$ 是指 SR_i 中继信息给 U_i 的功率放大比例因子;$\theta_i = 0 (H_0)$ 表示主用户 PU 没有工作;$\theta_i = 1 (H_1)$ 表示主用户 PU 工作;$P_{U_i}^{\max}$ 和 $P_{SR_i}^{\max}$ 分别是 U_i 和 SR_i 最大传输功率限的 SNR;ζ_i 表示 U_i 的本地能量检测阈值。

那么,U_i 和 SR_i 非协同(独立)感知(Non Cooperative Spectrum

Sensing，NCS）的检测概率[112]分别为：

$$p_{\mathrm{n1},i} = \exp\left(-\frac{\zeta_i}{(1+P_{\mathrm{U}_i})}\right) \qquad (4\text{-}3)$$

$$p_{\mathrm{n2},i} = \exp\left(-\frac{\zeta_i}{(1+P_{\mathrm{SR}_i})}\right) \qquad (4\text{-}4)$$

4.2.3　第二次协同感知原理

第二次协同感知分别采用 OR、AND、K–N（K-out-of-N）三种融合准则。在 OR 融合准则下，N 个认知用户中只要有一个认知用户判决系统为 H_1，感知接收基站的最终判决就为 H_1；换句话说，当 N 个认知用户全都判决系统为 H_0 时，感知接收基站的最终判决就为 H_0。假设报告信道为理想信道，根据第 3 章介绍的融合决策方法，感知接收基站虚警概率 $Q_{\mathrm{f\_or}}$ 与检测概率 $Q_{\mathrm{c\_or}}$ 的表达式可分别表示为：

$$Q_{\mathrm{f\_or}} = 1 - \prod_{i=1}^{N}(1 - p_{\mathrm{f},i}) \qquad (4\text{-}5)$$

$$Q_{\mathrm{c\_or}} = 1 - \prod_{i=1}^{N}(1 - p_{\mathrm{c},i}) \qquad (4\text{-}6)$$

在 AND 融合准则下，当 N 个认知用户全都判决系统为 H_1 时，感知接收基站的最终判决就为 H_1；换句话说，N 个认知用户只要有一个认知用户判决系统为 H_0，感知接收基站的最终判决就为 H_0，假设控制信道为理想信道，则感知接收基站虚警概率 $Q_{\mathrm{f\_and}}$ 与检测概率 $Q_{\mathrm{c\_and}}$ 的表达式分别为：

$$Q_{\mathrm{f\_and}} = \prod_{i=1}^{N} p_{\mathrm{f},i} \qquad (4\text{-}7)$$

$$Q_{\mathrm{c\_and}} = \prod_{i=1}^{N} p_{\mathrm{c},i} \qquad (4\text{-}8)$$

在 K–N 融合准则下，假设 N 个认知用户的判决结果中，如果有大于或等于 K 个认知用户判决主用户存在，则感知接收基站判决主用户存在，否则感知接收基站判决主用户不存在。假设控制信道为理想信道，感知接收基站虚警概率 $Q_{\mathrm{f\_k}}$、检测概率 $Q_{\mathrm{c\_k}}$ 和漏检概率 $Q_{\mathrm{m\_k}}$ 的表达式分别为：

$$Q_{f\_k} = \sum_{m=K}^{N} C_N^m p_{f,i}^m (1 - p_{f,i})^{N-m} = 1 - B_F(K - 1, N, p_{f,i}) \qquad (4\text{-}9)$$

$$Q_{c\_k} = \sum_{m=K}^{N} C_N^m p_{c,i}^m (1 - p_{c,i})^{N-m} = 1 - B_F(K - 1, N, p_{c,i}) \qquad (4\text{-}10)$$

$$Q_{m\_k} = 1 - Q_{c\_k} \qquad (4\text{-}11)$$

其中 $B_F(m, N, p) = C_N^m p^m (1 - p)^{N-m}$ 是二项累积分布函数。

4.3 双次协同性能分析与评估

在本章仿真中假设各认知用户 U_i 的第一次协同检测概率 $p_{c,i}$ 和虚警概率 $p_{f,i}$ 分别相等,所在信道相互独立同分布,即指各认知用户的接收功率 $P_{U_i}(SNR)$ 和判决门限 λ_i 分别相等,各认知中继用户 SR_i 的接收功率 $P_{SR_i}(SNR)$ 相等。图 4-2 所示为传输功率受限情况下,$P_{U_i} = 0$ dB,$P_{SR_i} = 4.3$ dB,$P_{U_i}^{max} = P_{SR_i}^{max} = 13$ dB,主用户发射功率 $P_t = 3$ dB,$\delta_{1,i} = 4.5$,$\delta_{2,i} = 2$,$\omega_i = 30°$,PU 与 U_i 间信道为瑞利信道,PU 与 R_i 和 R_i 与 U_i 间的信道为 AWGN 信道,PU 发射信号为 QPSK 信号,抽样 256 bit,第二次协同采用 OR 准则时,系统检测概率与虚警概率的关系曲线图。从图中可以发现:对于某一特定的认知用户数 N,蒙特卡洛仿真结果与数值仿真结果基本一致,检测概率与虚警概率同向变化。其次,协同感知的准确性随参与协同认知用户数 N 的增加而增强,当系统虚警概率 $Q_{f\_or} = 0.1$,$N = 5$ 时的检测概率比 $N = 1$(单次协同感知)时的检测概率提高近 24%,检测概率 $Q_{c\_k} = 0.9$,$N = 5$ 时的虚警概率比 $N = 1$ 时的虚警概率降低近 40%。这些结果验证了所提方案采用 OR 准则时可以有效提高频谱感知的准确性,也说明了参加协同感知的认知用户数越多,频谱感知的准确度就越高,从而增加了空闲频谱的复用机会。

双次协同采用 AND 准则,仿真环境同 OR 准则。从图 4-3 可以观察到,当 $N \geqslant 3$ 时,对于某一特定的 N,蒙特卡洛仿真结果略大于理论分析结果,出现这种现象的原因可能是理论上所讨论的多维因素的影响并不能精确反映所仿真的实际无线电磁场景复杂度。此外,随着认知用户数 N 的变大,经过 N 次幂运算后误差会被放大,但其变化趋势基本吻合。同时也可以发现,当系统检测概率一定时,随着参与协同用户数的增加,系统虚警概率有所下降,降幅也随之变大;当系统虚警概率一定时,系统协同检测概率随协同用户数的增加而降低,降幅也逐渐变大。当虚警概率小于 0.1 时,系统检测概率随认知用户数的增加变化很微小,不仅不能实现协同优化,而且增加了成本代价。因此,双次协同采用 AND 准则虽可以降低系统虚警概率,却以牺牲检测概率为代价,效果不是很理想,并且增加了系统复杂度。

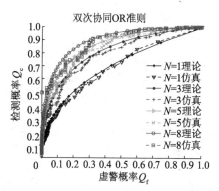

图 4-2　OR 准则协同感知准确性

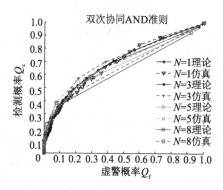

图 4-3　AND 准则协同感知准确性

双次协同采用 $K\text{-}N$ 准则时,协同感知检测概率的性能曲线仿真如图 4-4 所示,仿真中令 $N = 8$,其余参数设置同 OR 准则仿真。从图 4-4 可以观察到,当 $K = 1$ 时,相当于 OR 准则,此时蒙特卡洛仿真结果虽然有小幅波动,但与理论分析结果基本一致;$K = 8$ 时,相当于 AND 准则,此时系统双次协同感知性能最差,甚至低于单次协同感知仿真结果;$K = 3$ 和 $K = 5$ 时,此时蒙特卡洛仿真结果与理论分析结果基本吻合,$K = 3$ 时的系统双次协同感知准确性最佳,优于 $K = 5$ 和 OR 准则($K = 1$)时所获取的结果,而 OR 准则的仿真结果又优于 $K = 5$ 时仿真结果,因此采取 $K-N$ 判决融合准则可以获得比采取 AND 和 OR 准则更好的协同感知性能,但感知性能并不是所取判决准则值越大就越好,而是存在一个最优判决数量值 K_{opt}。

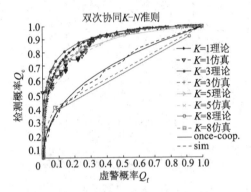

图 4-4　$K-N$ 准则的协同感知准确性

双次协同采用 $K-N$ 准则时,认知用户接收功率信噪比对感知准确性影响的性能曲线如图 4-5 所示。参数设置:认知用户接收功率信噪比分别为 0 dB 和-10 dB,主用户和认知用户发射功率最大值为 10 dB,$K-N$ 融合准则中 $N = 8$,$K = 3$,认知用户虚警概率 $p_{f,i} = 0.1$。从图可以看出检测概率是关于认知中继用户接收功率 P_{SR_i} 的凸函数,当认知中继用户接收功率 P_{SR_i} 选择最优值时,可以实现最大的检测准确度。其次,双次协同频谱感知的检测概率明显优于单次协同频谱感知的检测概率。例如,当认知用户接收功率 SNR 为 0 dB 时,双次协同频谱感知的最大检测概率约为 0.82,而单次协同频谱感知的最大检测概率约为 0.47,双次与单次相比,提高了约 0.35。此外,双次协同频谱感知对于认知用户接收功率为 0 dB 的改善程度要明显优于 − 10 dB,因此,双次协同频谱感知的性能对于接收功率非常微弱的信号(小于 − 10 dB)改善效果不佳。

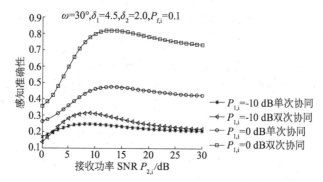

图 4-5　$K\text{-}N$ 准则时接收功率 SNR 对感知准确性的影响

4.4　判决准则的优化

根据 4.3 节中第二次协同采用 $K\text{-}N$ 准则的协同频谱感知性能仿真结果(图 4-4),可以发现当 N 确定时,系统的感知性能并不随判决准则值 K 的逐渐增加而提高,而是有一个最优值 K_{opt}。同时,可以注意到系统的检测概率与虚警概率是同向变化的,但实际应用中,要求在最大化系统检测概率的同时也要兼顾虚警概率最小化。为了实现这二者的折中,只有使系统平均错误检测概率 Q_{e} 最小化,根据文献[105],系统平均错误检测概率 Q_{e} 可以表达为:

$$Q_{\mathrm{e}} = P(H_0)Q_{\mathrm{f\_k}} + P(H_1)Q_{\mathrm{m\_k}} \qquad (4\text{-}12)$$

上式 $P(H_0)$ 和 $P(H_1)$ 分别表示主用户 PU 不工作与工作的先验概率。因为 $P(H_0) + P(H_1) = 1$,很容易获得 $Q_{\mathrm{e}} \in \big[\min(Q_{\mathrm{f\_k}},Q_{\mathrm{m\_k}})$, $\max(Q_{\mathrm{f\_k}},Q_{\mathrm{m\_k}}) \big]$。为了方便讨论,假设 $P(H_0) = P(H_1) = 0.5$,优化的目标函数则可表示为:

$$\min(Q_{\mathrm{e}}) = \min\{0.5(Q_{\mathrm{f\_k}} + Q_{\mathrm{m\_k}})\} \qquad (4\text{-}13)$$

因此,问题转化为:当 N 确定时,使系统平均错误检测概率 Q_e 最小化的最优判决值 K_{opt} 应该取值多大? 即:

$$K_{opt} = \arg \min_{K} \{0.5(Q_{f\_k} + Q_{m\_k})\} \qquad (4\text{-}14)$$

由于上式加权因子 0.5 是常数并不影响分析结果,因此只需要分析总检测概率 $Q_{f\_k} + Q_{m\_k}$ 以均衡感知有效性。令 $G = Q_{f\_k} - Q_{c\_k}$,则 $Q_{m\_k} + Q_{f\_k} = 1 + G$,显然,为使 $(Q_{f\_k} + Q_{m\_k})$ 最小,仅需最小化 G。由式(4-7)至(4-9),可以推导出 G 的表达式:

$$G(K) = \sum_{m=K}^{N} C_N^m p_{f,i}^m (1 - p_{f,i})^{N-m} - \sum_{m=K}^{N} C_N^m p_{c,i}^m (1 - p_{c,i})^{N-m}$$

$$= \sum_{m=K}^{N} C_N^m [p_{f,i}^m (1 - p_{f,i})^{N-m} - p_{c,i}^m (1 - p_{c,i})^{N-m}] \qquad (4\text{-}15)$$

则

$$\frac{\partial G(K)}{\partial K} = G(K+1) - G(K)$$

$$= C_N^K [p_{c,i}^K (1 - p_{c,i})^{N-K} - p_{f,i}^K (1 - p_{f,i})^{N-K}] \qquad (4\text{-}16)$$

当 $\frac{\partial G(K)}{\partial K} = 0$ 时,可以得到 K–N 融合准则中 K 的最优值 K_{opt},即:

$$p_{c,i}^K (1 - p_{c,i})^{N-K} = p_{f,i}^K (1 - p_{f,i})^{N-K} \qquad (4\text{-}17)$$

令 $\eta = \dfrac{\ln \dfrac{p_{f,i}}{p_{c,i}}}{\ln \dfrac{1 - p_{c,i}}{1 - p_{f,i}}}$,可以得到 $K \approx \left\lceil \dfrac{N}{1+\eta} \right\rceil$,$\lceil \cdot \rceil$ 表示对数字就近取整,所以,K–N 融合准则中 K 的最优值 K_{opt} 则为:

$$K_{opt} = \min\left(N, \left\lceil \frac{N}{1+\eta} \right\rceil\right) \qquad (4\text{-}18)$$

图 4-6 为优化的判决准则图,仿真环境同图 4-4 的仿真环境,网络中认知用户 U_i 的数量总计为 $N = 16$,虽然理论仿真结果与实际仿真结果存在误差,但不影响所推结论的正确性。例如 U_i 的本地判决门限 $\lambda_i = 10$ 时,数值仿真所得 $K_{opt} = 2$,蒙特卡洛仿真所得 $K_{opt} = 3$,产生误差的原因:一方面是实际仿真信道是 Rayleigh 信道,

另一方面是 K 值就近取整。

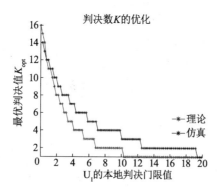

图 4-6 优化的判决准则值 K

4.5 能量感知阈值的优化

从判决准则值的优化算法及图 4-6 可知, 当认知用户 U_i 本地能量感知判决阈值 (门限值) λ_i 已知时, 选择最优的判决准则值 K_{opt} 可以最小化系统平均错误检测概率 Q_e。反之, 如果最优的判决准则值 K_{opt} 已知, 如何获取最优的本地能量感知判决阈值 $\lambda_{\text{opt},i}$ 以使系统平均错误检测概率 Q_e 最小化, 即:

$$\lambda_{\text{opt},i} = \arg\min_{\lambda_i}\{0.5(Q_{\text{f\_k}} + Q_{\text{m\_k}})\} \tag{4-19}$$

与判决准则值 K_{opt} 的优化算法相类似, 求 $\lambda_{\text{opt},i}$ 的最优值, 可令

$$\frac{\partial(Q_{\text{f\_k}} + Q_{\text{m\_k}})}{\partial\lambda_i} = \frac{\partial(1 + G)}{\partial\lambda_i} = 0 \tag{4-20}$$

那么, 由式 (4-10) 可以具体推导出 $\dfrac{\partial G(\lambda_i)}{\partial\lambda_i}$ 的表达式为:

$$\frac{\partial G(\lambda_i)}{\partial\lambda_i} =$$

$$\sum_{m=K}^{N} C_N^m \{[mp_{\text{f},i}^{m-1}(1 - p_{\text{f},i})^{N-m} - (N - m) \cdot (1 - p_{\text{f},i})^{N-m-1}p_{\text{f},i}^m]\frac{\partial p_{\text{f},i}}{\partial\lambda_i}$$

$$- \left[mp_{c,i}^{m-1} (1 - p_{c,i})^{N-m} - (N-m)(1 - p_{c,i})^{N-m-1} p_{c,i}^m \right] \frac{\partial p_{c,i}}{\partial \lambda_i} \}$$

$$= \sum_{m=K}^{N} C_N^m \{ (m - Np_{f,i}) p_{f,i}^{m-1} (1 - p_{f,i})^{N-m-1} \frac{\partial p_{f,i}}{\partial \lambda_i}$$

$$- (m - Np_{c,i}) p_{c,i}^{m-1} (1 - p_{c,i})^{N-m-1} \frac{\partial p_{c,i}}{\partial \lambda_i} \} \qquad (4-21)$$

式中 $\frac{\partial p_{f,i}}{\partial \lambda_i}$ 和 $\frac{\partial p_{c,i}}{\partial \lambda_i}$ 可由式(4-1)和(4-2)推导出:

$$\frac{\partial p_{f,i}}{\partial \lambda_i} = \frac{\partial \phi(\lambda_i, 1, \beta_{\theta_i})}{\partial \lambda_i} = - \int_0^\infty \frac{1}{1 + \beta_{\theta_i} h} \exp\left(- h - \frac{\lambda_i}{1 + \beta_{\theta_i} h} \right) \mathrm{d}h$$

$$(4-22)$$

$$\frac{\partial p_{c,i}}{\partial \lambda_i} = \frac{\partial \phi(\lambda_i, 1 + P_{1,i}, \beta_{\theta_i}(1 + P_{2,i}))}{\partial \lambda_i}$$

$$= - \int_0^\infty \frac{1}{(1 + P_{1,i}) + \beta_{\theta_i}(1 + P_{2,i}) h} \cdot$$

$$\exp\left(- h - \frac{\lambda_i}{(1 + P_{1,i}) + \beta_{\theta_i}(1 + P_{2,i}) h} \right) \mathrm{d}h \qquad (4-23)$$

将式(4-22)和式(4-23)代入式(4-21),解 $\frac{\partial G(\lambda_i)}{\partial \lambda_i} = 0$,可获得最优的能量感知判决阈值 $\lambda_{opt,i}$。

4.6　协同认知用户数的优化

在大规模认知网络中,如果一个时隙内只有一个认知用户传送其第一次协同判决结果给感知接收基站,接收端容易产生个别判决,即不易做到严格同步判决,而且感知时间也会相当长,因此这会影响协同感知的实现。另一个潜在问题是,如果在正交频带上传送判决结果,则要求有较宽的可用频带。为了尽量避免这些问题,而又保证系统平均错误率在期望范围内,研究了一种快速感知算法仅让部分认知用户参与协同,即实现所需参与协同频谱感知的认知用户数最小化的优化算法。

首先假设各认知用户 U_i 的接收功率（SNR）和判决门限 λ_i 已知，$N^*(1 < N^* < N)$ 为需要参与协同感知的最小认知用户数，ε 为期望最大系统错误率，N^* 必须满足 $Q_m + Q_f \leqslant \varepsilon$。根据 4.4 节判决准则的优化可以知道，对于一个有 N^* 个认知用户的网络系统，其最优判决值 $K_{\mathrm{opt}}^{N^*} = \min\left(N^*, \left\lceil \dfrac{N^*}{1+\eta} \right\rceil\right)$，这里因 η 是关于 $p_{f,i}, p_{c,i}$ 的函数，可由已知 SNR 和 λ_i 求得。

定义关于变量 N 的函数 $F(\cdot, \cdot)$ 为：

$$F(N, K_{\mathrm{opt}}^N) = Q_m + Q_f - \varepsilon \tag{4-24}$$

由于 N^* 是需要参与协同感知的最小认知用户数，则有

$$\begin{cases} F(N^*, K_{\mathrm{opt}}^{N^*}) \leqslant 0 \\ F(N^*-1, K_{\mathrm{opt}}^{N^*-1}) > 0 \end{cases} \tag{4-25}$$

解之得 $N^* = \lceil N_0 \rceil$，N_0 是曲线 $F(N, K_{\mathrm{opt}}^N)$ 关于 N 的第一个零耦合点。因此，N 个认知用户的网络系统中只需 N^* 个认知用户参与协同感知，既保证了感知平均错误率在最大允许范围内，又减少了感知时间，也可降低对接收机设计复杂度的要求。

图 4-7 是参与协同认知用户数的数值仿真与蒙特卡洛仿真曲线，图 4-8 是参与协同认知用户数与判决准则联合优化的数值仿真与蒙特卡洛仿真曲线，其参数设置为 $P_{1,i} = 0$ dB，$P_{2,i} = 10$ dB，$P_t = 3$ dB，$P_i = P_{2\max,i} = 13$ dB，$\delta_{1,i} = 4.5$，$\delta_{2,i} = 2$，$\omega_i = 30°$，$N = 100$。从图 4-7 中可以观察到：数值仿真结果略小于蒙特卡洛仿真结果，二者之间的误差随整个网络认知用户数的增加而略有增加，但变化基本一致。设 $\varepsilon = 0.01$，则满足 $Q_m + Q_f \leqslant \varepsilon$ 的最小协同用户数量数值仿真结果为 $N^* = 29$，此时系统的平均错误率 $\varepsilon = 0.0084$，相应的最优判决值 $K_{\mathrm{opt}}^{N^*} = 4$（图 4-8）；蒙特卡洛仿真结果为 $N^* = 29$，此时系统的平均错误率 $\varepsilon = 0.01$，相应的最优判决值 $K_{\mathrm{opt}}^{N^*} = 9$（图 4-8）。该研究结果表明对于一个有 100 个认知用户需要协同的认知网络，采用该联合优化方案可使所需参与协同的认知用户数减少近 70%，系统的感知时间会大幅度缩短，系统信令交换开销和协同的复杂度也会大大降低。因此，这证明了此优化方案的可靠性和可

实现性。

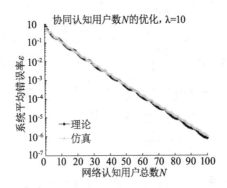

图 4-7　协同认知用户数量 N 的优化曲线图

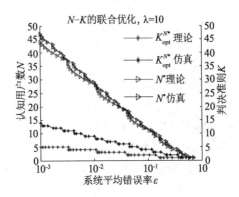

图 4-8　协同认知用户数 N 与判决准则 K 的优化曲线图

4.7　本章小结

　　本章主要研究分析了多用户认知无线电网络中的双次协同频谱感知方案:基于中继的双次协同频谱感知。在实际无线场景中,由于用户随机分布,受到多径和衰落不尽相同,第 3 章所研究的单次协同频谱感知技术也许还不足以实现期望的感知性能;而本章所提出的基于中继的双次协同频谱感知方案,在不增加设备成本开销的情况下,通过选择合理的数据融合判决准则为解决此难题提供了一个有效途径,通过理论分析和蒙特卡洛仿真验证了此方案的可行性。

另外,研究了第二次协同采用 K-N 判决准则时,判决值 K、能量感知判决阈值 λ 和协同认知用户数 N 多维度的优化。这主要适用于大规模认知无线网络,通过选择最优的协同用户数 N^*,然后再确定最优的判决值 $K_{\mathrm{opt}}^{N^*}$ 的联合优化方法,不仅可以使系统的检测平均错误率降到最低,而且会大大缩短感知时间,同时协同复杂度、系统信令开销和能量消耗都会大幅降低。

第5章　双次协同频谱感知时间敏捷性

在认知无线网络中(CRNs),协同频谱感知技术被认为是一种消除隐藏终端和阴影衰落等影响非常行之有效的方法。目前,很多提高认知节点感知性能的研究中将协同频谱感知与感知调度割裂开来,而没有考虑协同频谱感知和感知调度的相互作用。

本章针对无线电磁环境非常恶劣的多认知节点 Ad hoc 自组织网络,提出与双次协同频谱感知模型(Dual Collaborative Spectrum Sensing, DCSS)动态变化特性相适应的动态可变时分多址接入(Dynamic and Variable Time-Division Multiple-Access, DV-TDMA)调度机制以进行跨层协作;其次,推导出了平均感知时间的闭合表达式,给出了微时隙长度的临界范围。最后,给出了平均感知时间的优化算法,并通过理论分析和仿真验证。仿真结果表明:相比于单次协同感知方法,在保证平均感知错误率小于 1% 的条件下,所提协同感知方法及其优化算法可有效缩短频谱感知时间约 11.5%。

5.1　引　言

目前,认知无线网络已被认为是缓解因无线业务急剧增长而引起频谱稀缺问题最有希望的方法之一。在 CRNs 中,通过频谱机会共享和动态频谱接入[106],认知节点可智能地监测和分析频谱的占用情况,并自适应的调整自身工作参数以更好地适应动态频谱环境。认知无线网络的性能往往依赖于认知节点如何准确和快速地感知频谱利用机会,因而设计一个有效的频谱感知方法是 CR 技术成功实现的关键。

如何实现感知的准确性和快速性的合理折中是频谱感知技术的核心问题。不同的感知技术在感知的准确性和时间敏捷性上各显其优缺利弊。协同频谱感知技术因其可以有效克服实际无线传播环境中多径衰落、阴影效应[107]及主用户隐藏终端[108]和暴露终端等不利因素对单节点感知所造成的负面影响而被广泛利用。

目前,关于协同频谱感知技术的研究在文献[109-111]中有了较全面的介绍。在文献[112-114]中,作者利用多用户网络环境中固有的空间分集特性及放大重传(Amplify - and - Forward, AF)协议分析了基于中继的协同感知技术;在文献[115]中,作者基于软和硬判决规则,比较了感知报告出现错误情况时协同频谱感知的性能。然而,这些研究都存有其优缺利弊,因此,实际应用中多项协同频谱感知技术的融合开始涌现以提高频谱感知的性能。文献[116]研究了基于簇的两次协同感知算法以提升频谱感知的性能,文中第一次协同为簇内认知节点判决信息的融合;第二次协同为簇间认知簇头判决信息的融合。频谱感知的性能不仅依赖于感知方法,也取决于感知行为的协作调度。文献[117-119]研究了协同频谱感知的调度机制,但这些研究都没有考虑多项协同感知技术的融合。

因此,基于上述研究中存在的问题,本章首先提出一种基于中继的双次协同频谱感知方法拟提高感知的准确性和可靠性,进而捕获深度衰落无线射频环境中更多频谱接入机会。DCSS 感知方法可分两个连续的协作阶段执行:第一阶段为基于中继的 AF 协同感知;第二阶段为各协同用户对感知信息的融合判决。

其次,对 DCSS 方法的性能探讨。对于 DCSS 两次协同,当然会引发一个很自然的疑问:这是否会需要更长的感知时间? 直觉上,似乎 DCSS 两次协同频谱感知方法会比单次协同频谱感知方法耗用更多的时间来检测 PUs 的出现与否。为一探究竟,这里考虑 CRNs 网络的动态特性,提出了一个动态可变时分多址接入调度机制取代传统固定时隙长度的 TDMA 调度机制[120],并且推导出了平均感知时间的闭合表达式。

最后,依据 IEEE 802.22 无线区域网(Wireless Regional Area Networks,WRANs)首个国际 CR 标准:即认知节点检测到 PU 的感知时间不能超过 2 s,漏检概率和虚警概率要分别小于 0.1[121],本章给出了满足此规范的平均感知时间的优化算法,并通过理论分析和仿真验证。

5.2 DV-TDMA 优化的感知调度机制

本节主要描述双次协同频谱感知过程中的动态可变时分多址接入感知调度机制,推出了平均感知时间闭合表达式及其时隙长度临界取值范围。

由于频谱感知的性能不仅依靠 PHY 层的感知方法,也取决于 MAC 层感知检测行为的安排,本文采用动态可变的时分多址接入(DV-TDMA)调度机制替代传统固定时隙长度的 TDMA 调度机制。其原因是:① 由于实际 CRNs 网络环境的动态可变性,所需感知的时隙数动态可变,可根据实际需要自动调整分配的时隙数。② 每个时隙的数据传输包也是据实际环境动态变化,时隙的长短需根据传输数据包来调整。若时隙太长,SUs 与 PUs 间易产生冲突碰撞;若太短,则会造成 SUs 通信机会的丢失,从而导致频谱资源的浪费。

假设 CRNs 网络系统架构同图 4-1,网络中的所有协同认知用户对 $pair(U_i, SR_i)$ $(i \in \{1,2,\cdots,N_s\})$ 都按照图 5-1 所示的 AF 协议及 DV-TDMA 调度机制进行同步数据传输,因第二次协同仅取最少部分 SUs,可允许有微小的传输延迟。对照图 5-1,在第 n 个感知循环中,在时隙 T_1,认知节点 U_i 发送信息,认知中继节点 SR_i 监听;在时隙 T_2,SR_i 放大转发前一时隙 T_1 接收的信息至 U_i,U_i 监听信息;在时隙 T_3,感知基站融合 N_s 个微时隙 t 中来自认知节点 U_i 的判决信息,做出第 n 个感知循环的判决后广播至各 SU。每个感知循环按照 T_1、T_2 和 T_3 三个时隙依次检测,依据这种感知循环机制直至检测到 PU。

5.3　DV-TDMA 时间敏捷性

　　直觉上,两次协同频谱感知要比单次协同频谱感知耗用更多的感知时间来检测 PUs 是否工作。为一探究竟,本节主要研究整个感知过程的平均感知时间。由于认知节点在 CRNs 网络中位置随机分布的特性,现分两种情况讨论感知时间。对照图 5-1,一种情况是:如果每个协作认知用户对 $pair(U_i, SR_i)$ 中的 U_i 先传输信息,SR_i 中继转发信息,此时的感知时间定义为 τ_1;反之,如果 U_i 和 SR_i 的角色互换,SR_i 先传输信息,U_i 中继转发信息,则感知时间定义为 τ_2,那么整个网络的平均感知时间则为 $t_s = (\tau_1 + \tau_2)/2$。

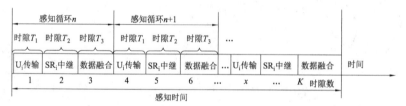

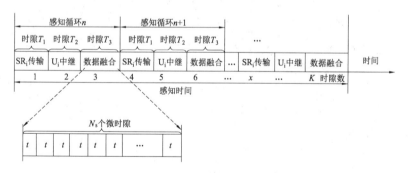

图 5-1　DV-TDMA 优化的感知调度机制

　　为了简化推导过程,假设第一次协同过程中各 SU 的能量检测阈值相同 $\zeta_i = \zeta$,各 U_i 和 SR_i 接收功率 SNR P_{U_i} 和 P_{SR_i} 为随机变量服从指数分布,均值分别为 P_1 和 P_2,最大功率限 $P_{U_i}^{max}$ 和 $P_{SR_i}^{max}$ 分别相等。这意味着 $p_{n1,i}$ 和 $p_{n2,i}$,$p_{f,i}$ 和 $p_{c,i}$ 独立于 i,分别标记为 p_{n1},p_{n2},p_f

和 p_c，令 $q_{n1} = 1 - p_{n1}$，$q_{n2} = 1 - p_{n2}$，和 $q_c = 1 - p_c$。在 DV-TDMA 调度机制下，第 K 个时隙的检测概率标记为 p_K，按 p_c，p_{n2} 和 Q_c 依次循环对应。这里 $K = 3n + j$，n 取整数，指时隙 T_1，T_2 和 T_3 循环次数；$j = 1,2,3$ 指每一个循环中的时隙数。时隙长度 T_x 亦按 T_1，T_2 和 T_3 依次变化。如果在第 K 个时隙检测到 PU 存在，此时所用的时间长度为：

$$L_K = \sum_{x=1}^{K} T_x \tag{5-1}$$

当 $K \to \infty$，则可推出整个检测过程的平均感知时间为：

$$\tau_1 = \sum_{K=1}^{\infty} p_K L_K = \frac{T_1 + q_c T_2 + q_c q_n T_3}{1 - q_c q_{n2} Q_m} \tag{5-2}$$

其详细推导过程如下：

$$
\begin{aligned}
\tau_1 &= \sum_{K=1}^{\infty} p_K L_K \\
&= p_c T_1 + q_c p_{n2}(T_1 + T_2) + q_c q_{n2} Q_c(T_1 + T_2 + T_3) + \\
&\quad (q_c q_{n2} Q_m) p_c(2T_1 + T_2 + T_3) + (q_c q_{n2} Q_m) q_c p_{n2}(2T_1 + 2T_2 + T_3) + (q_c q_{n2} Q_m) q_c q_{n2} Q_c(2T_1 + 2T_2 + 2T_3) + \cdots + \\
&\quad (q_c q_{n2} Q_m)^n p_c[n \cdot (T_1 + T_2 + T_3) + T_1] + \\
&\quad (q_c q_{n2} Q_m)^n q_c p_{n2}[n \cdot (T_1 + T_2 + T_3) + T_1 + T_2] + \\
&\quad (q_c q_{n2} Q_m)^n q_c q_{n2} Q_c(n+1)(T_1 + T_2 + T_3) + \cdots \\
&= \frac{X_1 p_c + X_2 q_c p_{n2} + X_3 q_c q_{n2} Q_c}{(1 - q_c q_{n2} Q_m)^2} \tag{5-3}
\end{aligned}
$$

式中

$$
\begin{aligned}
X_1 &= T_1 + (T_2 + T_3)(q_c q_{n2} Q_m) \\
X_2 &= T_1 + T_2 + T_3(q_c q_{n2} Q_m) \\
X_3 &= T_1 + T_2 + T_3 \tag{5-4}
\end{aligned}
$$

类似地，可以获得 τ_2 表达式为：

$$\tau_2 = \frac{T_1 + q_{n2} T_2 + q_c q_{n2} T_3}{1 - q_c q_{n2} Q_m} \tag{5-5}$$

因此，DCSS 感知过程的平均感知时间表达式为：

$$t_{s} = \frac{\tau_{1} + \tau_{2}}{2} = \frac{T_{1} + \dfrac{q_{c} + q_{n2}}{2}T_{2} + q_{c}\,q_{n2}\,T_{3}}{1 - q_{c}\,q_{n2}\,Q_{m}}$$

$$= \frac{T_{1} + \left(1 - \dfrac{p_{c} + p_{n2}}{2}\right)T_{2} + (1 - p_{c})(1 - p_{n2})T_{3}}{1 - (1 - p_{c})(1 - p_{n2})(1 - Q_{c})} \tag{5-6}$$

如果 $T_{1} = T_{2} = T_{3} = 1$，上式感知过程所需的平均感知时间就等价为平均时隙数，其表达式为：

$$t'_{s} = \frac{3 + p_{c}\,p_{n2} - \dfrac{3}{2}(p_{c} + p_{n2})}{1 - (1 - p_{c})(1 - p_{n2})(1 - Q_{c})} \tag{5-7}$$

若考虑各个时隙的长度，根据文献[112]中固定时隙 TDMA 调度机制，可推导出单次协同频谱感知（SCSS）和非协同感知（NCS）的平均感知时间 t_{c} 和 t_{n} 表达式分别为：

$$t_{c} = \frac{T_{1} + \dfrac{q_{c} + q_{n2}}{2}T_{2}}{1 - q_{c}\,q_{n2}} = \frac{T_{1} + \left(1 - \dfrac{p_{c} + p_{n2}}{2}\right)T_{2}}{p_{c} + p_{n2} - p_{c}\,p_{n2}} \tag{5-8}$$

$$t_{n} = \frac{T_{1} + \dfrac{q_{n1} + q_{n2}}{2}T_{2}}{1 - q_{n1}\,q_{n2}} = \frac{T_{1} + \left(1 - \dfrac{p_{n1} + p_{n2}}{2}\right)T_{2}}{p_{n1} + p_{n2} - p_{n1}\,p_{n2}} \tag{5-9}$$

如果 $T_{1} = T_{2} = T_{3} = 1$，那么式（5-8）和（5-9）就分别转化为：

$$t'_{c} = \frac{2 - \dfrac{p_{c} + p_{n2}}{2}}{p_{c} + p_{n2} - p_{c}\,p_{n2}} \tag{5-10}$$

$$t'_{n} = \frac{2 - \dfrac{p_{n1} + p_{n2}}{2}}{p_{n1} + p_{n2} - p_{n1}\,p_{n2}} \tag{5-11}$$

那么式（5-10）和式（5-11）就与文献[112]推导的平均感知时间表达式一致，因此这验证了我们推导的正确性。

为了方便比较双次协同感知的平均感知时间 t_{s} 是否大于单次协同频谱感知和非协同感知的平均感知时间 t_{c} 和 t_{n}，定义如下关于时间敏捷性增益的表达式为：

$$\mu_1 \triangleq \frac{t_n}{t_c}, \ \mu_2 \triangleq \frac{t_n}{t_s} \tag{5-12}$$

如果 $\mu_2 > \mu_1 > 1$，认知节点存在时间敏捷性增益。也就是说，本书提出的 DCSS 双次协同频谱感知方法及优化的 DV-TDMA 调度机制，与 SCSS 单次协同感知和 NCS 非协同感知相比较，可以减少认知节点感知的平均感知时间，即 $t_s < t_c < t_n$。

从式（5-6）、式（5-8）和式（5-9）可以观察到，平均感知速度（时间的减少）的提升取决于检测概率（准确度）与时隙长度。检测准确度的提升取决于频谱感知方法，那么，时隙长度范围如何界定呢？详见推论 1。

推论 1：当时隙长度 T_1 和 T_2 是固定已知的，如果要实现 $\mu_2 > \mu_1 > 1$，即 $t_s < t_c < t_n$，那么时隙 T_3 的临界长度 T_3^* 为：

$$T_3^* = Q_c t_c \tag{5-13}$$

式中 Q_c 由式（4-10）定义，t_c 由式（5-8）定义，其推导过程如下：

首先，令 $\mu_1 = 1$，可以推得 $p_c = p_{n1}$；由式（5-8）和式（5-9）知，t_c 和 t_n 是关于 p_c 和 p_{n1} 的减函数，所以如果满足 $p_c > p_{n1}$，则 $\mu_1 > 1$，即 $t_c < t_n$ 成立。

其次，令 $\mu_2 = \mu_1$，即 $t_s = t_c$，则可推出式（5-13）$T_3^* = Q_c t_c$ 成立。当 $T_3 < T_3^*$ 时，则可实现 $\mu_2 > 1$，即 $t_s < t_c$ 成立。

5.4 感知时间敏捷性的优化

在认知无线电网络的实际应用中，为了主用户 PUs 的空闲频谱能够充分合理应用，同时避免给主用户带来有害干扰，认知节点 SUs 面临同时实现最优感知准确性和最优感知敏捷性增益的两难境况。如何才能够解决这个难题呢？下面将给出一个详细合理的解决方案。

由式（5-6）不难发现，DCSS 平均感知时间是一个关于检测概率的单调减函数，关于时隙长度的单调增函数。因此，一个合理的最大化检测概率和最小化时隙长度的方案可以优化平均感知时间,即最优的时间敏捷性增益,从而避免或减少在空闲频谱上通信机会的丢失。

对照图5-1,此调度机制中 T_1 和 T_2 时隙长度是固定不变的,因为一个时隙只能分配一个认知节点 SU 进行感知。但时隙 T_3 长度是可变的,它由 N_s 个长度为 t 的微时隙组成,每个微时隙只允许一个认知节点 SU 用于报告判决结果,那么 N_s 个认知节点 SUs 在 T_3 时隙数据融合所需时间则为 $N_s t$。根据文献中[122]关于最小化参与协同认知节点数的研究,发现 N_s 是一个可以最小化的可变参数,它可以保证满足一定平均检测错误率,同时使参与协同的认知节点数最小化,即仅让部分认知节点参与协同,即可实现参与协同感知的认知节点数最小化的优化算法。这个优化算法不仅可以提高感知准确度,而且可以提高平均感知时间敏捷性增益,即减少平均感知时间。最大化平均感知时间敏捷性增益的问题就可以转化为最大化协同检测概率 p_c 和最小化参与协同的认知节点数 N_s,其优化的目标函数表达式可写为:

$$\max\{\mu_2(p_c, T_3)\} \Leftrightarrow \max(p_c) \cup \min(N_s) \tag{5-14}$$

受限于条件:

$$Q_c > p_c > p_{n1}$$
$$\mu_2 > \mu_1 > 1$$
$$Q_f + Q_m \leq \varepsilon \tag{5-15}$$

式中 ε 是最大平均检测错误率限制,关于最大化协同检测概率 $\max(p_c)$ 的求解,文献[123]中给出了一个多维度优化方法,本章不再详述。下面将详细分析如何获取参与协同频谱感知的最小认知节点数 $\min(N_s)$。

假设主用户 PUs 工作与不工作的情况是等概率,即 $u_{on} = u_{off} = 0.5$,那么认知节点的平均检测错误率就可表示为:

$$p_e = u_{on} Q_m + u_{off} Q_f$$
$$= 0.5(Q_f + Q_m) \tag{5-16}$$

因为加权系数"0.5"并不影响分析结果,所以仅需分析认知节

点总检测错误率 $Q_f + Q_m$。首先假设各认知节点接收主用户功率的 SNR 和能量检测阈值已知，N_s^{opt} ($N_s^{opt} \in [1, N_s]$) 是最小参与协同频谱感知的认知节点数，它需满足 $Q_f + Q_m \leqslant \varepsilon$ 条件。根据文献 [122] 和 [123] 中 K-N 判决融合准则的优化可以知道，对于一个有 N_s^{opt} 个认知节点的 CRNs 网络系统，其最优判决值 $K_{s,opt}^{N_s^{opt}} =$

$$\min\left(N_s^{opt}, \left\lceil \frac{N_s^{opt}}{1+\delta} \right\rceil \right), \delta = \frac{\ln \dfrac{p_f}{p_c}}{\ln \dfrac{1-p_c}{1-p_f}}。$$

定义关于变量 N_s 的函数 $F(\cdot, \cdot)$ 为：

$$F(N_s, K_{s,opt}^{N_s}) = Q_f + Q_m - \varepsilon$$
$$= 1 - \varepsilon + \sum_{m=K_s}^{N_s} C_{N_s}^m [p_f^m(1-p_f)^{N_s-m} - (p_c)^m(1-p_c)^{N_s-m}]$$

$$(5\text{-}17)$$

由于 N_s^{opt} 是需要参与协同感知的最小认知节点数，则有

$$\begin{cases} F(N_s^{opt}, K_{s,opt}^{N_s^{opt}}) \leqslant 0 \\ F(N_s^{opt}-1, K_{s,opt}^{N_s^{opt}-1}) > 0 \end{cases} \qquad (5\text{-}18)$$

可以通过迭代算法 Algorithm 1（见表 5-1）解得 $N_s^{opt} = \lceil N_0 \rceil$，$N_0$ 是曲线 $F(N_s, K_{s,opt}^{N_s})$ 关于 N_s 的第一个零耦合点。因此，利用 DCSS 感知方法和 DV-TDMA 调度机制，N_s 个认知节点的 CRNs 网络系统中仅需 N_s^{opt} 个认知节点参与协同频谱感知，这既保证了平均检测错误率在最大允许范围 ε 内，又减少了平均感知时间，也可降低对接收机设计复杂度的要求。

表 5-1　迭代算法 Algorithm 1

Algorithm 1	已知接收功率 SNR，能量检测阈值 ζ 和平均检测错误 ε，求最优参与协同感知节点数 N_s^{opt}
1: Initialization: $j = N_s$;	
2: $N_s^{opt}(N_s - j + 1) \leftarrow j$;	

Algorithm 1	已知接收功率 SNR, 能量检测阈值 ζ 和平均检测错误 ε, 求最优参与协同感知节点数 N_s^{opt}

3: $K_{s,opt}^{N_s^{opt}(N-j+1)} \leftarrow \min\left(N_s^{opt}(N_s-j+1), \left\lceil \dfrac{N_s^{opt}(N_s-j+1)}{1+\delta} \right\rceil \right)$;

4: If $F(N_s^{opt}(N_s-j+1), K_{s,opt}^{N_s^{opt}(N_s-j+1)}) > 0$, then $j \leftarrow j-1$;

5: else

6: $N_s^{opt}(N_s-j+1) = j$;

7: 重复步骤 2-6 直至 $F(N_s^{opt}, K_{s,opt}^{N_s^{opt}}) \leqslant 0$ 且 $F(N_s^{opt}-1, K_{s,opt}^{N_s^{opt}-1}) > 0$; 假设重复 n 次, 则可以获得 $N_s^{opt}(n+1) = N_s-n$;

8: End if

5.5　感知时间敏捷性评估分析

本节主要通过大量数值仿真与蒙特卡洛仿真结果来评估 DC-SS 双次协同频谱感知方法的性能。仿真环境设置如下: 主用户传输信号类型为 QPSK, 采样 256 bits; 主用户 PUs 与认知节点 U_i 间经历着 Rayleigh 衰落信道, 路径损耗指数 $\eta_1 = 4.5$; 主用户 PUs 与认知中继节点 SR_i 和认知节点 U_i 与认知中继节点 SR_i 间经历着 AWGN 无衰落信道, 路径损耗指数 $\eta_2 = 2$。如无特别说明, 所有协同认知节点对 $pair_i(U_i, SR_i)$ 有相同的空间分集角度 $\omega = 30°$ 和如下参数设置: 各 U_i、SR_i 及主用户 PU 的最大传输功率限 $P_{U_i}^{max} = P_{SR_i}^{max} = P_{tx} = 13$ dB, 各 U_i、SR_i 从 PUs 接收功率的 SNR $P_1 = 0$ dB, $P_2 = 4.3$ dB; 时隙长度 $T_1 = T_2 = T_3 = 1$; CRNs 中认知节点数 $N_s = 8$, 判决值 $K_s = 3$。

1. 平均感知时间正确性的验证

图 5-2 描述了平均感知时隙数(根据式(5-7)、式(5-10) 和式(5-11)) 与虚警概率的关系曲线。从图中, 我们首先可以观察到 DCSS、SCSS 和 NCS 三种感知方法的数值仿真结果与蒙特卡洛仿真结果趋势基本一致, 这验证了所推论的关于平均感知时间表达式的正确性。

其次,当虚警概率等于 0.1 时,DCSS、SCSS 和 NCS 三种感知方法所需平均感知时隙数分别约为 2.5,3,5,这说明所提 DCSS 感知方法和 DV-TDMA 调度机制可以很大程度上减少感知所需时隙数,从而可以节省更多感知时间,用于数据传输。

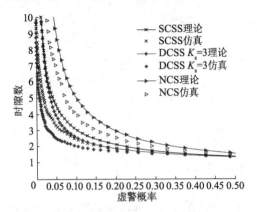

图 5-2   平均感知时间所需时隙数

图 5-3 描述了平均感知时间敏捷性(根据式(5-12))与虚警概率的关系曲线。从图中,我们首先可以观察到当虚警概率大于 0.05 时,DCSS 和 SCSS 两种协同感知方法的数值仿真结果与蒙特卡洛仿真结果几乎完全一致。

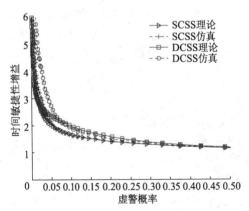

图 5-3   感知时间敏捷性增益验证

其次,当虚警概率等于 0.1 时,DCSS 和 SCSS 两种协同感知方法的平均感知时间敏捷性增益分别为 2 和 1.64。这暗示 DCSS 感知方法比 SCSS 感知方法的平均感知时间减少了 18%。因此,这进一步验证了本文所提采用 DV-TDMA 调度机制的 DCSS 协同频谱感知方法,比采用固定时隙的 TDMA 调度机制的 SCSS 协同频谱感知方法更适合环境较差的 CRNs 环境。

进一步地,通过图 5-4 来验证 T_3 时隙长度临界取值范围(式(5-13))推论 1 的正确性。参数设置如下:能量检测阈值 $\zeta = 4.0$(对应虚警概率约为 0.1),$T_1 = T_2 = 10\text{ms}$,其他参数设置同图 5-3。从图中,我们可以观察到当 $T_3 < 6.12\text{ ms}$(这个值与通过式(5-13)计算的结果一致)时,采用 DCSS 方法的平均感知时间要小于用 SCSS 和 NCS 两种方法的结果。因此,T_3 时隙长度的取值是实现平均时间敏捷性增益($\mu_2 > \mu_1 > 1$)的重要参数。

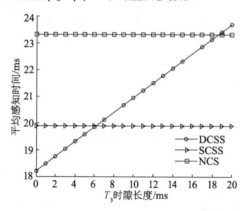

图 5-4　感知时间敏捷性增益的长度临界取值范围

2. 平均感知时间敏捷性增益影响因素分析

(1)认知节点接收功率的影响

图 5-5 描述了认知节点 U_i 接收功率 $P_1 = 0$ dB 和 $P_1 = -10$ dB 时的时间敏捷性增益随认知中继节点 SR_i 从 PU 接收功率 P_2 变化的关系曲线图。仿真参数设置如下:时隙长度 $T_1 = T_2 = 10$ ms,$T_3 = 0.2\,T_1$,认知节点虚警概率 $p_f = 0.1$。从图中我们可以观察到 U_i 的

平均感知时间敏捷性增益随 P_2 的增加先增加后减少至较平缓的值,当选择最优的 P_2 时,U_i 可实现最大平均感知时间敏捷性增益。

其次,无论 $P_1 = 0$ dB 还是 $P_1 = -10$ dB,U_i 采用 DCSS 感知方法的最大平均感知时间敏捷性增益都明显大于采用 SCSS 感知方法的最大平均感知时间敏捷性增益,例如:当 $P_1 = -10$ dB 时,U_i 采用 DCSS 感知方法的最大平均感知时间敏捷性增益 $\mu_2 = 1.25$,而采用 SCSS 感知方法的最大平均感知时间敏捷性增益 $\mu_2 = 1.12$,这说明采用 DCSS 感知方法比采用 SCSS 感知方法的平均感知时间减少约 10%。

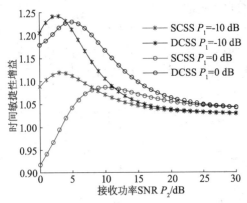

图 5-5 认知节点接收功率 SNR 对平均时间敏捷性增益的影响

此外,还注意到平均感知时间敏捷性增益也取决于 P_1 的取值。在 DCSS 和 SCSS 两种协同感知方法中,$P_1 = -10$ dB 的平均感知时间敏捷性增益都要优于 $P_1 = 0$ dB 的最大平均感知时间敏捷性增益。因此,最大平均感知时间敏捷性增益随 P_i 的增加而减少,这说明所提 DCSS 协同频谱感知方法在认知节点处于低 SNR 射频环境时,平均感知时间敏捷性增益提高更显著。

(2)空间角度的影响

根据接收功率简化模型 $P_{rx} = P_{tx} \cdot l \cdot (d/d_0)^{-\eta}$[124],平均感知时间敏捷性增益也深受认知节点所在空间位置的影响,如图 5-6 所示。该图描述了认知中继节点 SR_i 相对于主用户 PU 与认知节点

U_i 之间射线所偏移的空间角度 ω 对平均感知时间敏捷性增益影响的关系曲线图。仿真参数设置：$P_1 = 0$ dB,路径损耗指数 $\eta_1 = 4.5$,$\eta_2 = 2$,认知节点虚警概率 $p_f = 0.1$。从图中我们可以观察到,对于不同取值的 ω,采用 DCSS 协同频谱感知方法的平均感知时间敏捷性增益都明显大于采用 SCSS 协同频谱感知方法相应的最大平均感知时间敏捷性增益。例如：$\omega = 0°$ 时,采用 DCSS 协同频谱感知方法的最大平均感知时间敏捷性增益,比采用 SCSS 协同频谱感知方法的高出约 0.12。

其次,随着 ω 的增加,两种感知方法的平均感知时间敏捷性增益减少。因此,选择空间角度较小和接收功率最优的中继节点协同,才会实现更好的 DCSS 感知性能。

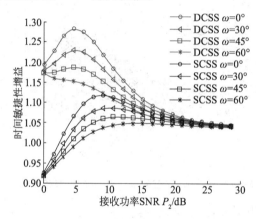

图 5-6　空间角度对平均时间敏捷性的影响

（3）衰减系数（载波频率）的影响

已知接收功率简化模型 $P_{rx} = P_{tx} \cdot l \cdot (d/d_0)^{-\eta}$,式中 l 指衰减系数,它的分贝（dB）表达式为 $L_0 (\mathrm{dB}) = 20\log_{10}(c/4\pi d_0 f)$,$c$ 表示光速,f 为载波频率。根据此表达式可以知道衰减系数 l 或载波频率 f 会影响频谱感知的性能。图 5-7 给出衰减系数（dB）和认知中继节点 SR_i 接收功率 P_2 对平均感知时间敏捷性增益影响的关系曲线图。仿真参数设置如下：$P_1 = 0$ dB,路径损耗指数 $\eta_1 = 4.5$,$\eta_2 = 2$,空间角度 $\omega = 30°$,认知节点虚警概率 $p_f = 0.1$,时隙长度 $T_1 =$

$T_2 = 10 \text{ ms}, T_3 = 0.2T_1$。

从图 5-7 可以观察到当 $P_2 \leqslant 10 \text{ dB}$ 或 $L_0 \geqslant 0 \text{ dB}$ 时,采用 DCSS 协同频谱感知方法所得的平均感知时间敏捷性增益(红色曲线所示)优于采用 SCSS 协同频谱感知方法所得的平均感知时间敏捷性增益(蓝色曲线所示),它可实现的最大平均感知时间敏捷性增益约为 1.33。

其次,平均感知时间敏捷性增益对高的 L_0($L_0 \geqslant 0 \text{ dB}$,对应低频带)变化较敏感,而对低的 L_0($L_0 < 0 \text{ dB}$,对应高频带)变化不敏感。如:L_0 分别为 – 40.05 dB, – 31.54 dB 和 – 25.17 dB,对应频率分别为 2.4 GHz,900 MHz 和 433 MHz,此时平均感知时间敏捷性增益趋近于 1,也就是说平均感知时间几乎没有减少。

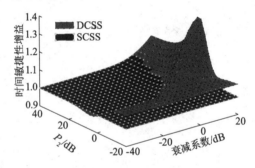

图 5-7 衰减系数(频波频率)对平均时间敏捷性的影响

3. 平均感知时间敏捷性增益优化分析

由 5.3 节平均感知时间敏捷性增益优化,可以知道参与协同的认知节点数影响着平均感知时间敏捷性增益。我们可以在满足一定平均检测错误率的条件下,使参与协同的认知节点数最小化。下面通过图 5-8 来详细说明。仿真参数设置如下:平均检测错误率最大允许范围 $\varepsilon = 0.01$,能量检测阈值 $\zeta = 4$,网络认知节点数 $N_s = 100$,认知节点接收功率 $P_1 = -10 \text{ dB}$,认知中继节点接收功率 $P_2 = 10 \text{ dB}$,时隙长度 $T_1 = T_2 = 25 \text{ ms}$,微时隙长度 $t = 0.5 \text{ ms}$。

从图 5-8,我们可以观察到:当 $N_s^{\text{opt}} \geqslant 4$,采用 DCSS 协同频谱感知方法的平均感知时间敏捷性增益基本随参与协同的认知节点数的增加而降低。$N_s^{opt}=4$ 时,虽然可以获得最大平均感知时间敏捷性增益,但此时并不能满足检测错误率低于 0.01 的要求。当 $N_s^{opt}=35$ 时,可以实现检测错误率低于 0.01,此时对应的平均感知时间敏捷性增益 μ_2 约为 1.48,比 SCSS 的结果高近 0.16,相当于平均感知时间减小了 11.5%。因此,对于有 100 个认知节点的 CRNs,我们仅需 $N_s^{opt}=35$ 即可实现检测准确性和感知时间敏捷性增益的要求。

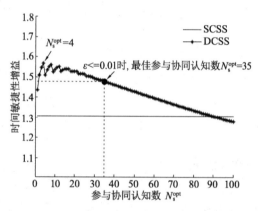

图 5-8　最小参与协同感知认知节点数的优化

下面通过图 5-9 进一步说明所提优化方法的合理性,仿真参数设置同上图,能量检测阈值 ζ 从 1 变化到 20。从图中可以观察到平均感知时间敏捷性增益是关于能量检测阈值 ζ 的增函数。随着 ζ 的增加,优化的 DCSS 平均时间感知时间敏捷性增益明显优于没优化的 DCSS 和 SCSS。

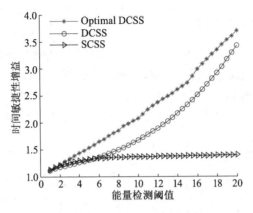

图 5-9　优化的时间敏捷性比较

5.6　本章小结

　　本章主要针对无线电磁环境非常恶劣的多节点 CRNs, 以感知准确性和快速性为出发点, 提出了 DCSS 方法和 DV-TDMA 优化的动态调度机制。其次, 推导出了平均感知时间的闭合表达式, 给出了微时隙长度的临界范围; 给出了平均感知时间的优化算法。最后, 从不同维度仿真验证所提方法的合理性。仿真结果表明: 相比于 SCSS 方法, 在保证平均感知错误率的条件下, 所提 DCSS 方法及其优化算法可有效缩短频谱感知时间。

第6章 机会频谱接入的跨层优化

机会频谱接入（Opportunistic Spectrum Access, OSA）的媒体接入层（MAC 层）帧结构决定着感知-传输时隙的调度，它对认知节点 SUs 感知质量和可实现吞吐量，以及认知节点 SUs 对主用户 PUs 的干扰有着重要影响。本章针对无线电磁环境非常恶劣的多节点认知无线自组织网络，依据第4章和第5章提出的物理层双次协同频谱感知方法和 MAC 层的动态可变时分多址调度机制跨层协同，通过对平均感知时间和能量检测阈值的优化，以及参与协同认知节点数和平均检测错误率的最小化，给出了实现吞吐量最大化的联合优化方法[129,130]，分析了该协同优化可实现的条件。仿真结果表明，通过对各层特性参数的联合优化设置，相比于单次协同频谱感知，所提双次协同频谱感知的跨层优化算法可有效提高感知的准确性、时效性及网络吞吐量，并保证了对主用户的保护程度。

6.1 引 言

机会频谱接入（OSA）是解决频谱低效利用非常有竞争力的方法之一。OSA 利用认知无线电（CR）技术，允许认知节点 SUs 在时、空、频三个维度感知，而充分利用频谱机会，并避免对主用户带来干扰。很明显，频谱感知指引着频谱接入，它是认知节点频谱机会接入的重要过程。认知节点通过周期性的频谱感知来实现机会频谱接入。但是感知时间和感知频率（即感知周期）取决于 MAC 层帧结构。

最近，文献[127 - 131]研究了 MAC 层帧结构的优化。文献

[127]提出一个基于群的 MAC 层帧结构(GC-MAC),GC-MAC 由感知时隙和数据传输时隙组成,通过群协作进行感知,在保证感知准确性的条件下,实现感知成本和吞吐量的折中。文献[128]和[129]提出动态的 MAC 层帧结构由感知时隙、信道切换时隙和数据传输时隙组成,通过对感知时隙和传输时隙的优化,以及帧长度的动态调整,实现了频谱感知质量与吞吐量的折中,没有考虑协同频谱感知。文献[130]提出了一个基于中继的协同频谱感知帧结构,该结构通过分配不同类型的信号给主用户和认知节点将频谱感知融合到信号传输中,利用分数阶傅立叶转换域的能量集中特性将主用户信号和认知节点信号分离,减少了对主用户的干扰,增加了信道容量。文献[131]提出一个优化的频谱感知结构,在满足干扰避免限制的条件下最大化感知有效性,通过自适应协同感知方法优化感知参数。然而,这些方法尚未全面考虑频谱感知的准确性、时效性、认知节点可实现吞吐量及协同感知成本的联合跨层优化。

本文针对处于低 SNR 环境的多节点认知无线电网络,对 PHY 层的协同感知方法和 MAC 层调度机制进行了改善,将 DCSS 双次协同频谱感知方法与 MAC 层的 DV-TDMA 动态可变时分多址调度机制进行跨层协作及优化,以提高机会频谱接入的性能。此方法考虑了协同成本和复杂度,在保证网络平均检测错误率低于 0.01 的质量要求下,通过最小化参与协同的认知节点数及优化能量检测阈值,综合衡量了频谱感知的准确性与时效性,给出了认知节点可实现吞吐量的优化算法,并对该算法的性能进行了仿真分析。

6.2 MAC 层帧结构的优化

6.2.1 主用户活动模型

主用户 PUs 对授权频谱的占用可等效为 ON/OFF 开关模型。当频谱处于开启(ON)状态时,表示该频谱正被某个 PU 所占用;而当频谱处于关闭(OFF)状态时,则表示该频谱未被 PU 占用,此时,认知节点 SUs 可以接入该频段进行通信。根据文献[131]可知,授权频谱的繁忙(存在 PU 信号)与空闲(不存在 PU 信号)状态分别服从参数为 λ_{on} 和 λ_{off} 的指数分布,λ_{on} 表示授权频谱从繁忙转为空闲状态的转换概率,λ_{off} 表示授权频谱由空闲转变为繁忙状态的转换概率。由此可得,授权频谱处于繁忙状态和空闲状态的先验概率 u_{on}、u_{off} 分别为:

$$u_{\text{on}} = \frac{1/\lambda_{\text{on}}}{1/\lambda_{\text{on}} + 1/\lambda_{\text{off}}} = \frac{\lambda_{\text{off}}}{\lambda_{\text{on}} + \lambda_{\text{off}}} \tag{6-1}$$

$$u_{\text{off}} = \frac{1/\lambda_{\text{off}}}{1/\lambda_{\text{on}} + 1/\lambda_{\text{off}}} = \frac{\lambda_{\text{on}}}{\lambda_{\text{on}} + \lambda_{\text{off}}} \tag{6-2}$$

事实上 $u_{\text{on}} \leqslant 0.5(\lambda_{\text{off}} \leqslant \lambda_{\text{on}})$ 的认知无线网络才有实施的价值。

6.2.2　平均感知时间的优化

本书第 5 章研究分析了 DCSS 的时间敏捷性,给出各协同用户对 $pair_i(\text{U}_i, \text{SR}_i)$ 相互独立时平均感知时间 t_s 的表达式为:

$$t_s = \frac{T_1 + \left(1 - \dfrac{p_c + p_{n2}}{2}\right)T_2 + (1 - p_c)(1 - p_{n2})T_3}{1 - (1 - p_c)(1 - p_{n2})(1 - Q_c)} \tag{6-3}$$

SCSS 平均感知时间 t_c 的表达式为:

$$t_c = \frac{T_1 + \left(1 - \dfrac{p_c + p_{n2}}{2}\right)T_2}{p_c + p_{n2} - p_c p_{n2}} \tag{6-4}$$

式中各变量:Q_c 由式(4-10)定义,p_c 由式(4-2)定义,p_{n2} 由式(4-4)定义,T_1、T_2 和 T_3 表示图 5-1 中感知时隙的长度,这里就不再赘述。

本书 5.3 节给出的 DCSS 平均感知时间的优化,实际是关于时隙 T_3 的优化。通过最小化参与协同的认知节点数,将时隙 $T_3 = N_s \cdot t$ 的 N_s 个长度为 t 的微时隙缩短到 N_s^{opt} 个微时隙,如图 6-1 所示。因此,关于 DCSS 平均感知时间的优化表达式可写为:

$$t_s^{\text{opt}} = \frac{T_1 + \left(1 - \dfrac{p_c + p_{n2}}{2}\right)T_2 + (1 - p_c)(1 - p_{n2}) \cdot N_s^{\text{opt}} \cdot t}{1 - (1 - p_c)(1 - p_{n2})(1 - Q_c)} \tag{6-5}$$

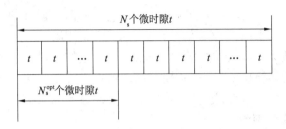

图 6-1 T_3 时隙结构的优化

6.2.3   CRNs 吞吐量

在 CRNs 中,一般采用周期感知。设 SU 的工作帧长为 T,每帧由两部分组成,如图 6-2 所示:一部分用于频谱感知,平均感知时间为 t_s,t_d 部分用于数据包传输。定义 C_0 为 PU 空闲时认知节点 SU 接入 PU 授权频谱所获得的单位带宽信道容量,C_1 为 PU 繁忙时认知节点 SU 接入所获得的单位带宽信道容量。假设 PU 与 SU 的信号功率都呈高斯分布,那么 $C_0 = \log_2(1 + P_1)$,$C_1 = \log_2(1 + P_1/(1 + P_{tx}))$,很明显 $C_0 > C_1$。若 PU 的信号是非高斯的,则 $C_1 \geqslant \log_2(1 + P_1/(1 + P_{tx}))$,$P_1$ 为 SU 的接收功率,P_{tx} 为 PU 的传输功率。

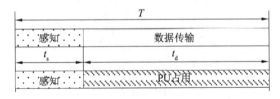

图 6-2   MAC 层帧结构的应用

参照图 6-2,认知节点 SU 可以接入 PU 的授权频带分如下两种情况:

(1) PU 实际不存在,且 SU 也没检测到 PU 占用频带,此时 SU 链路可实现的吞吐量为 $\dfrac{T - t_s}{T}C_0$。这种情况发生的概率为 $u_{off}(1 - Q_f)$。u_{off} 由式(6-2)定义,Q_f 表示认知节点采用 DCSS 双次协同频谱感知的虚警概率,由式(4-9)定义。

（2）PU 实际存在，但 SU 没有检测出 PU 占用频带，此时 SU 链路可实现的吞吐量为 $\dfrac{T-t_s}{T}C_1$。这种情况发生的概率为 $u_{on}Q_m = u_{on}(1-Q_c)$。$u_{on}$ 由式（6-1）定义，Q_m 和 Q_c 分别表示认知节点采用 DCSS 双次协同频谱感知的漏检概率和检测概率，由式（4-10）和式（4-11）定义。

一旦认知节点 SU 检测出主用户 PU 处于空闲状态，CRNs 中各认知节点 SU 均以概率 $p(0 \leqslant p \leqslant 1)$ 竞争接入，N_s 个 SU 能成功接入该频带的概率为：

$$\rho = N_s p (1-p)^{N_s-1} \tag{6-6}$$

这里暂不讨论 SU 在数据传输过程中与 PU 或其它 SU 之间产生的碰撞冲突情况。定义 PU 实际处于空闲状态时，CRNs 的吞吐量为：

$$R_{0D} = \frac{T-t_s}{T}C_0 \cdot u_{off}(1-Q_f) \cdot \rho \tag{6-7}$$

式中 t_s 为 DCSS 双次协同频谱感知的平均感知时间，由式（6-3）定义。

PU 实际处于繁忙状态时，CRNs 的吞吐量为：

$$R_{1D} = \frac{T-t_s}{T}C_1 \cdot u_{on}Q_m \cdot \rho \tag{6-8}$$

那么，CRNs 采用 DCSS 双次协同频谱感知后的平均吞吐量可表示为：

$$R_D = R_{0D} + R_{1D} \tag{6-9}$$

同理，可得 CRNs 采用 SCSS 单次协同频谱感知的吞吐量表达式为：

$$
\begin{aligned}
R_C &= R_{0C} + R_{1C} \\
&= \underbrace{\frac{T-t_c}{T}C_0 \cdot u_{off}(1-p_f) \cdot \rho}_{\text{第一项}} + \underbrace{\frac{T-t_c}{T}C_1 \cdot u_{on}(1-p_c) \cdot \rho}_{\text{第二项}}
\end{aligned} \tag{6-10}
$$

式中第一项表示 PU 实际处于空闲状态时，CRNs 网络的吞吐量 R_{0C}，第二项表示 PU 实际处于繁忙状态时，CRNs 的吞吐量 R_{1C}。t_c

是采用 SCSS 单次协同频谱感知的平均感知时间,由式(6-8)定义;p_f 和 p_c 分别表示认知节点采用 SCSS 单次协同频谱感知的虚警概率和检测概率,由式(4-1)和式(4-2)定义。

6.2.4 CRNs 吞吐量优化

实际 CRNs 中,为了增强授权给 PU 的空闲频谱的利用率并避免对 PU 造成干扰,最大化 SU 的检测准确度和最小化网络平均感知时间的同时,是否存在最优的参数设置使 SU 网络达到最大的吞吐量是目前需要综合衡量的重要问题。该优化问题可表示为:

$$\max R_D(Q_c, Q_f, t_s) \tag{6-11}$$

受限于条件:

$$\begin{cases} Q_m + Q_f \leqslant \varepsilon, \\ p_c < Q_c, \\ T - t_s > 0, \\ 0 < t_s < t_c \end{cases} \tag{6-12}$$

式中 ε 为 CRNs 允许的平均检测错误率上限值,表示对 PU 的最低保护程度。根据 IEEE 802.22 首个认知无线电 WRANs 标准,认知节点 SU 检测到 PU 的感知时间不能超过 2 s,漏检概率和虚警概率要分别小于 0.1。为满足此服务质量要求,在本章后续的仿真分析中,设 $\varepsilon \leqslant 0.01$,则 $Q_m \leqslant 0.01$ 和 $Q_f \leqslant 0.01$;加之 $u_{on} \leqslant 0.5$ 和 $C_0 > C_1$,那么 R_{0D} 在整个网络吞吐量 R_D 中占主导地位。因此该优化问题可以转化为:

$$\max_{Q_c, Q_f, t_s} R_{0D}(Q_c(\zeta, N_s, K_s), Q_f(\zeta, N_s, K_s), t_s(T_3, Q_c)) \tag{6-13}$$

受限于条件:

$$\begin{cases} Q_m + Q_f = \varepsilon, \\ p_c < Q_c, \\ T - t_s > 0, \\ 0 < t_s < t_c < 2 \text{ ms} \end{cases} \tag{6-14}$$

根据式(4-10)、式(4-9)和式(6-3)可知,式(6-13)的优化实际是一个关于 PHY 层和 MAC 层多元参数 ζ, N_s, K_s, t 等的联合优化问题,且目标优化函数很难求出解析解。本书将在满足约束条件限制的情况下,采用嵌套循环搜索算法依次优化各参数以求得最优的系统吞吐量。其优化过程如下:

(1) 根据文献[123]关于能量检测阈值的优化方法,当 K-out of-N 判别规则中(本书 K - N 对应参数表示为 K_s - N_s)的判别值 K_s 一定时,可求出一个最优的能量检测阈值 ζ_{opt}。其求解过程如下:

根据式(6-12)中受限条件 $Q_m + Q_f = \varepsilon$,最小化平均检测错误率,使 $\min(Q_m + Q_f) \leqslant \varepsilon$,并求出此时的能量检测阈值,即为最优能量阈值 ζ_{opt},其优化目标函数表达式为:

$$\zeta_{opt} = \arg \min_{\zeta} (Q_f + Q_m) \tag{6-15}$$

首先令 $Q = Q_f - Q_c$,则 $Q_f + Q_m = 1 + Q$。那么式(6-15)通过 $\dfrac{\partial(Q_f + Q_m)}{\partial \zeta} = \dfrac{\partial(1 + Q)}{\partial \zeta} = 0$ 来求解。根据 Q_f, Q_c 的表达式(4-9)和式(4-10),可以得到:

$$
\begin{aligned}
\frac{\partial Q(\zeta)}{\partial \zeta} &= \sum_{m=K_s}^{N_s} C_{N_s}^m \big\{ \big[m p_f^{m-1} (1 - p_f)^{N_s - m} - (N_s - m)(1 - p_f)^{N_s - m - 1} p_f^m \big] \frac{\partial p_f}{\partial \zeta} \\
&\quad - \big[m p_c^{m-1} (1 - p_c)^{N_s - m} - (N_s - m)(1 - p_c)^{N_s - m - 1} p_c^m \big] \frac{\partial p_c}{\partial \zeta} \big\} \\
&= \sum_{m=K_s}^{N_s} C_{N_s}^m \big\{ (m - N_s p_f) p_f^{m-1} (1 - p_f)^{N_s - m - 1} \frac{\partial p_f}{\partial \zeta} \\
&\quad - (m - N_s p_c) p_c^{m-1} (1 - p_c)^{N_s - m - 1} \frac{\partial p_c}{\partial \zeta} \big\}
\end{aligned}
\tag{6-16}
$$

式中 $\dfrac{\partial p_f}{\partial \zeta}$ 和 $\dfrac{\partial p_c}{\partial \zeta}$ 的表达式分别为:

$$
\frac{\partial p_f}{\partial \zeta} = \frac{\partial \phi(\zeta, 1, \beta_{\theta_i})}{\partial \zeta} = -\int_0^\infty \frac{1}{1 + \beta_{\theta_i} h} \exp\left(-h - \frac{\zeta}{1 + \beta_{\theta_i} h} \right) \mathrm{d}h
$$

$$\tag{6-17}$$

$$
\begin{aligned}
\frac{\partial p_c}{\partial \zeta} &= \frac{\partial \varphi(\zeta, 1 + P_1, \beta_{\theta_i}(1 + P_2))}{\partial \zeta} \\
&= -\int_0^\infty \frac{1}{(1 + P_1) + \beta_{\theta_i}(1 + P_2)h} \cdot \exp\left(-h - \frac{\zeta}{(1 + P_1) + \beta_{\theta_i}(1 + P_2)h} \right) \mathrm{d}h
\end{aligned}
$$

$$(6\text{-}18)$$

以上两式中 $\beta_{\theta_i} = \dfrac{P_{\mathrm{SR}_i}^{\max} G_{\mathrm{US},i}}{\theta_i^2 P_2 + P_{\mathrm{U}_i}^{\max} G_{\mathrm{US},i} + 1}$ 指认知中继节点 SR_i 中

继信息给认知节点 U_i 的功率放大比例因子，$\theta_i = 0\,(\mathrm{H}_0)$ 表示主用户 PU 不存在，$\theta_i = 1\,(\mathrm{H}_1)$ 表示主用户 PU 存在。$P_{\mathrm{U}_i}^{\max}$ 和 $P_{\mathrm{SR}_i}^{\max}$ 分别是 U_i 和 SR_i 最大传输功率限。

将式（6-17）和式（6-18）代入式（6-16），$\dfrac{\partial Q(\zeta)}{\partial \zeta} = 0$ 对应的解即为某一 K_s 的最优能量检测阈值 $\zeta_{\mathrm{opt}}^{K_s}$。

因为 $K_s \in [1, N_s]$，N_s 个不同 K_s 就有 N_s 个不同的最优能量检测阈值 $\{\zeta_{\mathrm{opt}}^1, \cdots, \zeta_{\mathrm{opt}}^{K_s}, \cdots, \zeta_{\mathrm{opt}}^{N_s}\}$，相应的有 N_s 个不同的最小检测概率 $\min\limits_{\zeta_{\mathrm{opt}}^{K_s}, K_s \in [1, N_s]}(Q_{\mathrm{f}} + Q_{\mathrm{m}})$，其中最小检测概率中最小的那个检测概率所对应的能量检测阈值即为最优能量检测阈值，即可表示为：

$$\zeta_{\mathrm{opt}} = \arg\min \left\{ \min\limits_{\zeta_{\mathrm{opt}}^{K_s}, K_s \in [1, N_s]}(Q_{\mathrm{f}} + Q_{\mathrm{m}}) \right\} \qquad (6\text{-}19)$$

如果存在两个或多个最小值相等的情况，我们选 K_s 较小值时所对应的阈值为最优能量检测阈值 ζ_{opt}。

（2）求出最优的能量检测阈值 ζ_{opt} 后，当 ζ_{opt} 固定，对于某一参与协同的认知节点数 $x \in [1, N_s]$，根据优化判别准则 $K_{\mathrm{s,opt}}^x = \min\left(x, \lceil x/(1+\delta) \rceil\right)$，这里 $\delta = \dfrac{\ln \dfrac{p_{\mathrm{f}}}{p_{\mathrm{e}}}}{\ln \dfrac{1-p_{\mathrm{e}}}{1-p_{\mathrm{f}}}}$，分别求出此时的漏检概率 $Q_{\mathrm{m}}(x, K_{\mathrm{s,opt}}^x)$ 和虚警概率 $Q_{\mathrm{f}}(x, K_{\mathrm{s,opt}}^x)$。

（3）通过迭代搜索算法（如表 5-1 迭代算法 Algorithm 1）求满足 $Q_{\mathrm{m}}(x-1, K_{\mathrm{s,opt}}^{x-1}) + Q_{\mathrm{f}}(x-1, K_{\mathrm{s,opt}}^{x-1}) > \varepsilon$ 和 $Q_{\mathrm{m}}(x, K_{\mathrm{s,opt}}^x) + Q_{\mathrm{f}}(x, K_{\mathrm{s,opt}}^x) \leqslant \varepsilon$ 的最优协同用户数 $N_{\mathrm{s}}^{\mathrm{opt}}$，将其代入式 $K_{\mathrm{s,opt}}^x = \min\left(x, \lceil x/(1+\delta) \rceil\right)$，则可得对应的最优判别值 $K_{\mathrm{s,opt}}^{N_{\mathrm{s}}^{\mathrm{opt}}}$，即为第二次协同的最优判决值。

（4）将（3）所求得的最优参与协同节点数和对应的最优判决

值($N_{\rm s}^{\rm opt}$, $K_{\rm s,opt}^{N{\rm opt}}$)代入式(4-9)、式(4-10)和式(4-11),求出优化的 $Q_{\rm c}^{\rm opt}$ 、 $Q_{\rm f}^{\rm opt}$ 和 $Q_{\rm m}^{\rm opt}$ 。

(5)根据第 5 章 5.2 节关于时隙长度的临界取值推论 1,选择合适的微时隙长度 t ,使之满足 DCSS 双次协同感知的平均感知时间小于 SCSS 单次协同感知的平均感知时间,即 $t_{\rm s} < t_{\rm c}$;然后根据 DCSS 平均时间的优化表达式(6-5),求出此时优化的平均感知时间 $t_{\rm s}^{\rm opt}(N_{\rm s}^{\rm opt}, t, Q_{\rm c}^{\rm opt})$ 。

(6)根据式(6-7)求出优化的吞吐量 $R_{\rm OD}^{\rm opt}$,此时对应的 ζ , $N_{\rm s}$, $K_{\rm s}$ 和 t 即为最优的参数设置。

6.3　性能仿真分析

本节主要通过数值仿真和蒙特卡洛仿真结果来分析 DCSS 双次协同感知跨层优化的性能。

图 6-3 描述了不同判决值 K_s 所对应的平均检测错误率与能量检测阈值 ζ 的关系曲线图。仿真环境设置如下:主用户 PUs 传输信号类型为 QPSK,采样 256 bits;主用户 PUs 与认知节点 U_i 间经历着 Rayleigh 衰落信道,路径损失指数 $\eta_1 = 4.5$;主用户 PUs 与认知中继节点 SR_i 和认知节点 U_i 与认知中继节点 SR_i 间经历着 AWGN 无衰落信道,路径损失指数 $\eta_2 = 2$;如无特别说明,所有协同认知节点对 $pair_i(U_i, SR_i)$ 有相同的空间分集角度 $\omega = 30°$ 和参数。参数设置:各 U_i 和 SR_i 及主用户 PU 的最大传输功率限 $P_{U_i}^{\max} = P_{SR_i}^{\max} = P_{tx} = 10$ dB,各 U_i 和 SR_i 从 PUs 接收功率的 SNR 分别为 $P_1 = 0$ dB, $P_2 = 10$ dB;CRNs 中认知节点数 $N_s = 8$,判决值 K_s 分别为 $1,3,5,8$ 。从图中我们可以观察到:DCSS 双次协同感知不同判决值所对应的平均检测错误率其数值仿真结果和蒙特卡洛仿真结果趋势基本相符。同时,还可以发现 DCSS 感知不同判决值所对应(除 $K_s = 8$ 外)的最小平均检测概率要小于 SCSS 单次协同感知的结果。

其次,DCSS 双次协同感知中 $K_s = 3$ 时所对应的最小平均检测概率最小,如图中黑色箭头所示,此时所对应的能量检测阈值即为最优能量检测阈值,约为4。

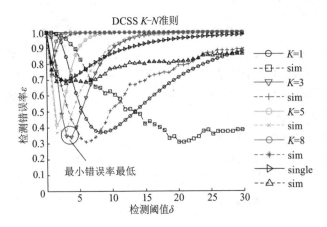

图 6-3　检测错误率与能量检测阈值的关系

图 6-4 描述了吞吐量与能量检测阈值的关系曲线图。参数设置如下:假设 PUs 处于 ON/OFF 的指数参数 $\lambda_{on} = \lambda_{off} = 1$;CRNs 的认知节点数 $N_s = 100$,各认知节点从 PUs 接收功率的 SNR 均为 0 dB,各认知中继节点从 PUs 接收功率的 SNR 均为 10 dB,各认知节点、认知中继节点及 PU 的最大传输功率 $P_{U_i}^{max} = P_{SR_i}^{max} = P_{tx} = 10$ dB;认知节点接入成功率 $\rho \approx 1$,平均检测错误率 $\varepsilon = 0.01$;SU 工作帧长 $T = 100$ ms,时隙 $T_1 = T_2 = 10$ ms,微时隙 $t = 0.2$ ms。从图中可以看出本文所提 DCSS 双次协同频谱感知及其优化方法的吞吐量明显优于 SCSS 单次协同频谱感知方法的吞吐量,同时满足检测错误率小于 0.01、DCSS 平均感知时间小于 SCSS 平均感知时间 $t_s < t_c$ 的约束条件。

其次,优化的双次协同频谱感知方法(对应 Optimal DCSS 所示曲线)的吞吐量相对于未优化的双次协同检测方法(对应 DCSS 所示曲线),吞吐量改善程度不明显,但是它可以用较少的 SUs 认知节点数参与协同感知。从图中可以看出,优化的双次协同频谱感知方法需要参与协同的最小认知节点数 N_s^{opt} 随能量检测阈值 ζ 的变化而变化,但都小于 100,而未优化的双次协同检测方法需要 100

个 SUs 全部参与协同感知。因此,优化的双次协同感知方法可以节省协同成本,减少协作复杂度。

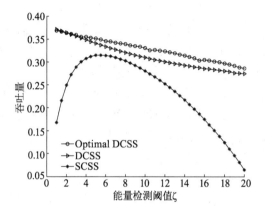

图 6-4 吞吐量与能量检测阈值的关系

从图 6-5 可以观察到:参与协同的最小认知节点数 N_s^{opt} 是关于能量检测阈值 ζ 的一个凹函数。当 $\zeta \approx 4.5$, $N_s^{opt} \approx 41$,如图中箭头所示。

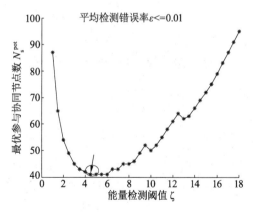

图 6-5 最优参与协同节点数与能量检测阈值的关系曲线

图 6-6 为描述平均感知时间与微时隙长度的关系曲线图。仿真参数设置：时隙 $T_1 = T_2 = 10$ ms，$\zeta = 4.5$，$N_s^{opt} = 41$，其他参数设置同图 6-5。从图中可以观察到优化的 DCSS 协同感知方法和未优化的 DCSS 协同感知方法的平均感知时间都是关于微时隙长度 t 的单调增函数。优化的 DCSS 协同感知方法的平均感知时间低于未优化的 DCSS 协同感知方法的平均感知时间。

其次，只有微时隙长度小于某一临界值 t^* 时，优化的 DCSS 协同感知方法和未优化的 DCSS 协同感知方法的平均感知时间才低于 SCSS 的平均感知时间。例如，当 $t \leqslant t^* = 0.4$ ms 时，优化的 DCSS 协同感知方法的平均感知时间才小于 SCSS 的平均感知时间；当 $t \leqslant t^* = 0.2$ ms 时，未优化的 DCSS 协同感知方法的平均感知时间才小于 SCSS 的平均感知时间。因此，只有选择合适的微时隙长度 $t \in (0, t^*)$，才会实现平均感知时间敏捷性增益。

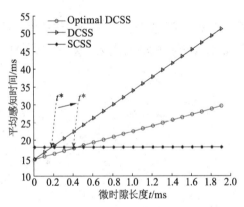

图 6-6　平均感知时间与微时隙长度的关系

图 6-7 为描述吞吐量与微时隙长度 t 的关系曲线图。仿真参数设置同图 6-6。图中可以观察到优化的 DCSS 协同感知方法和未优化的 DCSS 协同感知方法的吞吐量都是关于微时隙长度 t 的单调减函数。优化的 DCSS 协同感知方法的吞吐量优于未优化的 DCSS 协同感知方法的吞吐量。

其次，只有微时隙长度 t 小于某一临界值 t^* 时，优化的 DCSS

协同感知方法和未优化的 DCSS 协同感知方法的吞吐量才高于 SC-SS 协同感知的吞吐量。例如,当 $t \leqslant 1.5$ ms 时,优化的 DCSS 协同感知方法的吞吐量高于 SCSS 协同感知的吞吐量;当 $t \leqslant 0.6$ ms 时,未优化的 DCSS 协同感知方法的吞吐量高于 SCSS 协同感知的吞吐量。

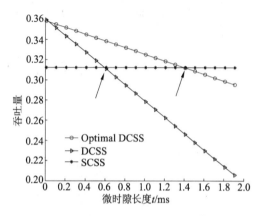

图 6-7 吞吐量与微时隙长度的关系

综合图 6-6 和图 6-7,可以得出结论:首先,在满足最小检测错误率限制的条件下,如果微时隙临界长度 t^* 满足了平均感知时间敏捷性增益的要求,则亦可实现吞吐量增益。例如对于优化的 DCSS 协同感知方法,平均感知时间的微时隙临界长度 $t^* = 0.4$ ms,吞吐量的微时隙临界长度 $t^* = 1.5$ ms,因此,选择 $t < 0.4$ ms,则可同时实现平均感知时间敏捷性增益和吞吐量增益。其次,优化的 DCSS 协同感知方法,相比于 DCSS 和 SCSS 协同感知方法,可以同时实现感知准确性、时间敏捷性及吞吐量的联合跨层优化,并且通过最小化参与协同的认知节点数节省了协同成本和复杂度。

6.4 本章小结

本章研究了机会频谱接入的跨层优化算法,结合 QoS 需求,给出了 PHY 层 DCSS 双次协同频谱感知方法和 MAC 层 DV-TDMA 感知调度机制跨层协作的优化算法,以提高受限于阴影衰落和(或)隐藏终端认知无线电网络感知的准确度、时效性和通信吞吐量,并推出了能量检测阈值和可实现吞吐量的优化算法。仿真结果表明,所提算法在保证 CRNs 平均错检测误率小于 0.01 的条件下,通过联合优化选择分散在 PHY 层和 MAC 层的特性参数,如能量检测阈值、协同用户数、判决值和时隙长度等,以获得较优的网络吞吐量。

第7章 基于频谱感知的机会认知路由协议

本章针对多信道多跳认知无线 Ad hoc 自组织网络中路由的不稳定性问题,将机会认知路由技术和协同频谱感知技术联合设计进行研究。考虑到认知无线 Ad hoc 网络中频谱的高动态性,以及阴影衰落和隐藏终端等射频环境问题,将物理层的 DCSS 频谱感知技术和媒体访问控制子层的 DV-TDMA 调度机制紧密融合到网络层的路由决策中,提出了基于双次协同频谱感知的认知机会路由协议(Dual Collaborative Spectrum Sensing Opportunistic Cognitive Routing, DCSS-OCR),旨在提高认知无线 Ad hoc 网络路由发现和建立的机会,建立高效、稳定、可靠的路由。首先,构建了基于 DCSS 频谱感知理论的路由发现模型,联合考虑了频谱感知、链路可用性和最短路径因素,建立认知无线 Ad hoc 网络空间上可达、频域上连通的有效路由;其次,提出下一跳前传节点,最优信道和路径的选择方法,以满足认知无线 Ad hoc 网络路由的稳定性目标;最后,给出了评估路由路径质量的有关度量数学闭合表达式,如链路可用性概率、中断概率、路由接入概率,期望链路延迟和端到端路径平均传输延迟,并给出相关推导证明。

7.1 引 言

认知无线电研究是随着人们认识的不断深化渐次展开的,早期主要集中在研究物理层(PHY)和媒体访问控制子层(MAC)中[14,132-133],以及如何进行频谱感知、频谱接入和频谱共享的探讨上;而频谱动态接入带来的节点可用信道随时间和空间变化的特性,使得认知无线网络路由问题呈现出不同于传统无线网络的特点,路由研究成为认知无线网络研究的一个重要方面。

与传统无线网络相比较,认知无线自组织网络[14](Cognitive Radio Ad Hoc Networks, CRAHNs)能够利用认知无线电动态频谱接入和频谱分集的特性,对频谱资源进行机会再利用以提高网络的容量,满足了目前用户高带宽频谱应用的需求,同时避免给主用户带来有害干扰。但是,由于主用户再次利用频谱在时间、空间和频谱上的不确定性,当主用户突然工作时,认知用户必须及时腾空所占用信道,切换到其他可用信道或中断当前的数据传输才能够保证不给主用户带来有害干扰。因此,认知用户在不干扰主用户正常使用频谱的同时,又要满足自身对频谱及路由质量的需求面临着许多问题及挑战,特别是多跳通信 CRAHNs[134-135]。

认知无线 Ad hoc 网络路由所面临的技术挑战明显不同于传统无线网络路由[136-138],它实际上可归结为两个主要挑战:选择适合的可用频谱(信道)和路由路径。这两个问题相辅相成,不可分割,频谱的空闲可用性决定着路径的选择,路径的选择同时又影响着可用频谱的分配,因此,认知无线 Ad hoc 网络的机会路由协议就变得相当复杂。在认知无线 Ad hoc 网络中,除了因主用户活动、可用信道分集和异构信道等因素所产生的动态特性之外,复杂的无线射频环境也会给路由的建立及维护带来严重影响,比如阴影衰落和隐藏终端等问题。

为了充分挖掘认知无线 Ad hoc 网络的潜能,对认知无线 Ad hoc 网络路由策略的研究已经涌现很多学术成果。在文献[139 - 140,158]中,作者提出了频谱感知路由策略,将信道分配与路由建立相结合以提高网络的性能。文献[141]和[159]根据频谱可用性对路由链路稳定性进行了研究。在文献[142]中,作者主要考虑射频环境感知,即感知主用户隐藏终端和暴露终端问题对路由稳定性的影响,提出了建立稳定路由表的路由维护策略。文献[143]采用跨层的思想,将底层参数的选择融合到路由过程,旨在最小化认知无线网络频谱资源的使用。文献[144]综合考虑了频谱可用性、频谱感知条件、信道选择优化、链路容量、主用户接收机的保护等多个重要路由度量，提出了路由建立与维护的机制。文献[145]作者提出了基于延迟和能量的频谱感知路由协议，根据路径延迟和各跳认知节点能量来选择一条有效的路由。在文献[146]和[147]中，作者所提路由算法综合考虑路由和信道选择策略，旨在最大化网络吞吐量、数据包传输速率，提高带宽可用性。文献[148]研究了路由和信道选择策略以提高路由的健壮性和最大化端到端吞吐量，该研究基于认知节点对主用户的干扰定义鲁棒性，通过最小化认知节点对主用户的干扰来提升鲁棒性。在文献[149]中，作者提出了一个跨层路由和动态频谱分配策略（Routing and Spectrum Allocation algorithm，ROSA），此策略考虑了频谱利用率、频谱空穴、主用户的活动，根据频谱利用率进行频谱分配，将吞吐量、公平度索引、网络频谱利用率和平均延迟作为路由性能参数。在文献[150]中，作者提出一个关于延迟敏感度的路由协议，此协议将排队和传输延迟作为路由度量，旨在评估系统端到端的延迟和包丢失率，虽有考虑 PUs 的活动，但没考虑频谱条件的动态性。文献[151]研究了机会路由，考虑了主用户活动模型和频谱感知，将频谱可利用时间和认知节点需求时间作为路由度量来评估路由吞吐量。文献[152]介绍了跨层路由和信道选择联合设计的路由协议，即备份信道和协作信道切换（Backup Channel and Cooperative Channel Switching，BCCCS），此协议依据 AODV 协议，将资源消耗和路由稳定性作为路由度量来评估系统连通性，虽有考虑频谱的变化条件，但没有建模 PUs 活动。文献[153]研究了多射频、多信道认知无线电网络中的频谱感知动态信道选择策略，考虑了频谱感知和 PUs 活动模型，依据 PUs 未占用信道、最小化对 PUs 干扰、最大化 SUs 间的连通性和最小化 SUs 间的干扰来分配信道，以使路由更稳定，存在时间更长。然而，上述这些成果主要集中于信道的选择与分配，或仅考虑路由的有限度量，没有较全面考虑频谱感知条件、PUs 活动模型、信道的异构性及射频环境，也没有考虑将协同频谱感知技术应用于路由策略中。因此，如何将协同频谱感知技术拓展到认知路由协议中仍是一个开放课题,特别是针对多信道多跳认知无线 Ad hoc 网络,还没有较为成熟的方案来提供稳定、高效的路由。

因此,本章针对上述这些技术挑战,对多信道多跳路由发现与选择策略进行深入研究,将物理层(PHY)的频谱感知技术和媒体访问控制子层(MAC)的调度机制紧密融合到网络层的路由决策中,提出一种基于双次协同频谱感知的机会认知路由协议(DCSS-OCR)决策算法,以提高动态频谱环境下路由发现和建立的机会,增强路由路径的稳定性及可靠性。首先,本章联合考虑了频谱感知和链路可用性因素,构建了基于 DCSS 频谱感知理论的路由发现模型,建立认知无线 Ad hoc 网络的有效路由;其次,考虑路由分集的存在,给出了基于最短路径的原则选择下一跳前传点,最大链路可用概率选择信道、最大路径接入概率和(或)最大化最小链路可用概率选择路由路径的方法,以满足认知网络路由可靠性和稳定性目标;最后,给出了评估路由路径质量的有关度量数学闭表达式,并给出相关推导证明。

7.2　系统模型

这里考虑一个分布式多信道多跳认知无线 Ad hoc 网络,不同类型的主用户(PUs)与认知节点(SUs)共存。此网络授权频谱被分成 N 个正交频带(信道),PUs 与 SUs 共享这 N 个正交频带,一个授权频带授权给一个 PU,这意味着有 N 个 PUs。SUs 配有两种类型的射频信道,一种为数据信道,可在 N 信道上进行数据传输;另一种为公共控制信道(Common Control Channel, CCC),用于信息交换。此认知无线 Ad hoc 网络(CRAHN)模型定义为:

$$G(t) = (U, L(t), p) \tag{7-1}$$

模型中顶点 $U_i \in U$ 表示认知路由节点,当 $U_i = SR_i$ 时,$SR_i \in U$ 表示感知中继节点,每个认知路由节点都有 N 个频带,认知节点可同时作为感知中继节点使用,感知中继节点亦可同时作为路由节点使

用,为了叙述方便加以区别表示;$l_{ij}(t) \in L(t)$ 表示在时间 t 从认知节点 U_i 到 U_j 的路由链路, $i,j \in \{1,2,\cdots,N_s\}$, $i<j$, $N_s = |U|$ 为认知路由节点总数。每个路由链路的可用概率描述为 $p_{ij} \in p$, 此概率表示在这个链路上主用户没有活动(工作)。假设每个认知节点在一个频带上最多受一个主用户活动的干扰,主用户的活动模型为 ON-OFF 模型,其平均活动间隔时间 $E[T_{on}]$ 与平均空闲间隔时间 $E[T_{off}]$ 分别服从参数 λ_{on} 和 λ_{off} 的指数分布,并且它在每个信道的占用时间独立同分布。假设认知节点(SUs)是异构的,即有不同的传输覆盖范围,其工作时间帧结构是周期为 T 的动态可变时分多址接入时隙(Dynamic and Variable Time-Division Multiple-Access, DV-TDMA)[154],它们可同时在多个非连续频带上同时传输以满足宽带需求。主用户(PUs)标识为 PU_i,它们也是异构的,亦有不同的传输范围,不同的信道占用概率和平均活动时间。

如图 7-1 所示,认知节点(SUs)在授权信道上监听主用户是否占用信道,若主用户(PUs)不工作便机会地接入该授权频带,一旦检测出主用户工作,认知节点必须立刻空出此信道,切换到其它空闲信道或推迟传输直至此信道再次空闲。当认知源节点 U_s 欲与其传输范围外的认知目的节点 U_d 通信时,这就需要多个认知前传节点路由。例如图 7-2 中,源节点 U_i 首先本地感知或与一个感知中继 SR_s 协同感知到一个频谱接入机会,然后根据距离目的节点最近、单跳长度最长的优先原则选择 U_i 作为下一跳前传节点。但是 U_i 或许位于主用户 PU_i 的传输覆盖范围边缘,或许受到严重的阴影衰落、隐藏终端的影响,接收到非常弱的主用户信号,从而影响对主用户是否存在的准确判决。因此,本章提出利用双次协同感知理论(DCSS)[123],U_i 选择一个最佳感知中继节点 SR_i 协同地感知主用户 PU_i 是否存在。如果主用户不存在,有最小跳数及最长单跳长度的最优路径路由 $U_s - U_i - U_j - U_d$ 会被建立,否则只能选择另一条相对跳数较多的次优路径路由,如图中虚线链路所示。

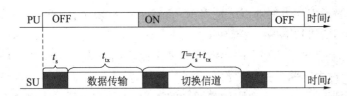

图 7-1　授权信道感知与利用时间帧结构

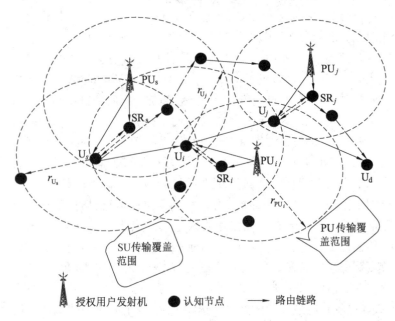

图 7-2　基于协同感知的认知无限 **Ad hoc** 网络模型

7.3　DCSS-OCR 机会认知路由协议

7.3.1　协议工作过程

本节将详细介绍基于双次协同频谱感知的机会认知路由协议（DCSS-OCR）[161,162]。在 DCSS-OCR 中,认知节点充分考虑认知无线 Ad hoc 网络的特性,利用双次协同频谱感知方法判别是否有空闲可用频带以执行路由机制实现的三个阶段:路由发现、路由选择和路由反馈,成功建立路由进行数据前传。

(1)在路由发现阶段,每个认知节点需要进行三个操作过程:空闲信道感知、下一跳(前传)节点选择和最优信道选择。其路由发现过程的流程图如图7-3所示。

① 在信道感知过程中,认知源节点或认知发送节点利用双次协同频谱感知方法(DCSS)与相邻的最佳感知中继节点协同搜寻一个空闲的未被主用户占用的信道。在进行频谱感知前,认知发送节点首先在公共控制信道(CCC)广播一个 Hello 消息给所要感知数据信道上的相邻认知节点,该 Hello 消息中包含发送节点及目的节点位置信息。该 Hello 消息在 CCC 信道上的传输服从 IEEE 802.11 MAC 中的载波侦听多路访问/冲突避免(Carrier Sense Multiple Acess with Collision Avoidance, CSMA/CA)机制。根据接收到的 Hello 消息,相邻认知路由节点将所要感知的数据信道设为非允许接入信道,以使其他认知节点在频谱感知期间不要占用,用此方法可以减少认知节点间的同频干扰。根据 Hello 消息中的位置信息,相邻认知路由节点评估自己是否符合候选前传节点条件,如到认知目的节点距离是否比发送节点近,是否存在前传距离增益。符合条件的候选前传节点会协同发送节点进行信道感知及下一跳前传节点的选择。当信道被感知为空闲时,发送节点会和候选前传节点启动一个握手协议进入下一跳节点的选择过程。否则,发送节点不得不另选一个信道,重新进行信道感知。

② 在下一跳节点的选择过程中,当信道被感知是空闲的,认知发送节点在所感知的数据信道先广播一个路由请求(Routing Request,RREQ)信息给下一跳候选前传节点。候选前传节点会根据发送节点指定的优先权序号应答路由响应(Routing ReSPonse,RRSP)消息,如果候选节点有较大的链路吞吐量[163],较大的前传距离增益[158]或较高链路可用率[159],则会有较高的优先权。候选节点保持监听数据信道。

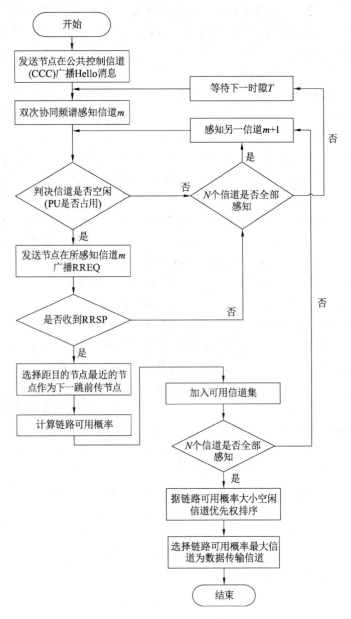

图 7-3　认知路由协议路由发现过程流程图

直至听到一个 RRSP 或当退避时间（Backoff Time：放弃占用信道的时间）为零时发送一个 RRSP。认知发送节点选择优先权最高的应答候选节点作为下一跳路由节点。如果没有收到 RRSP 消息表示没有合适的候选节点，就会重复信道感知与下一跳路由节点的选择过程。一个成功的 RREQ-RRSP 握手协议后，认知发送节点计算链路可用概率，进入最优信道选择过程。

③ 在最优信道选择过程中，认知发送节点将计算的链路可用概率，加入空闲可用信道集（链路集），并依据链路可用概率大小进行优先排序，具有最大链路可用概率的信道将被选择进行数据传输。

（2）在路由选择阶段，认知无线 Ad hoc 网络的目的节点主要执行最优路由路径的选择决策。对于目的节点，一旦它收到多个路由请求包 RREQ 后，就可以进行路由决策。目的节点比较各条路由链路可用概率及稳定性，建立多条可达路由路径。然后，目的节点将路径接入概率最高，并且各条链路的可用概率均匀分布的路径作为全局最优路径，建立优先权最高的路径 ID；将路径接入概率最高或所有路径中最小链路可用概率中最大的路径作为局部最优路径，建立优先权次之的路径 ID；依此类推，将多条可达路径按优先权高低建立路径 ID。

（3）在路由反馈阶段，目的节点单播一个路由应答（Route REPly，RREP）消息给认知源节点。该 RREP 消息中包括被选择的路径信息从路径相反的方向发送，以告知被选择路径上的节点所在路径对应的目的节点、路径 ID、下一跳节点及所使用信道。当认知源节点收到 RREP 后，开始利用这条路由路径进行通信。

7.3.2　信道感知

主用户 PUs 对授权信道 m 的占用可等效为 ON-OFF（Busy-Idle）开关模型。当频谱处于开启（ON）状态时，表示该频谱正被某个 PU 所占用；而当频谱处于关闭（OFF）状态时，则表示该频谱未被 PU 占用，此时，SUs 可以接入该频段进行通信。ON-OFF 时间均值 $E[T_{on}^m]$ 和 $E[T_{off}^m]$ 分别服从参数为 λ_{on}^m 和 λ_{off}^m 的指数分布，那么，主用户 PU 占用授权信道 m 的先验概率可表示为：

$$u_{\text{on}}^m = \frac{E\left[T_{\text{on}}^m\right]}{E\left[T_{\text{on}}^m\right] + E\left[T_{\text{off}}^m\right]} = \frac{\lambda_{\text{off}}^m}{\lambda_{\text{on}}^m + \lambda_{\text{off}}^m} \tag{7-2}$$

认知节点 SUs 可以利用授权信道 m 的先验占用率可表示为：

$$u_{\text{off}}^m = 1 - u_{\text{on}}^m \tag{7-3}$$

根据更新理论,信道当前状态可以根据信道状态周期及感知历史信息估计[158]。用 $S^m(t)$ 表示授权信道 m 在时间 t 时所处的状态,授权信道 m 处于 ON 状态的概率可表示为：

$$p_{\text{busy}}^m(t) = \text{Pr}\left(S^m(t) = 1 \mid S^m(t - \Delta t^m) = H^m\right) \tag{7-4}$$

式中"1"对应 ON,"0"对应 OFF, $H^m \in \{0,1\}$ 表示在时间 $t - \Delta t^m$ 的观察结果。那么认知节点 U_i 所在信道经过一段时间 Δt^m 后,转换为 ON 的转换概率[160]为：

$$p_{\text{busy},U_i}^m(\Delta t^m) = \begin{cases} u_{\text{on}}^m - u_{\text{on}}^m \cdot e^{-(\lambda_{\text{off}}^m + \lambda_{\text{on}}^m)\Delta t^m}, & H^m = 0 \\ u_{\text{on}}^m + (1 - u_{\text{on}}^m) \cdot e^{-(\lambda_{\text{off}}^m + \lambda_{\text{on}}^m)\Delta t^m}, & H^m = 1 \end{cases} \tag{7-5}$$

它转换为 OFF 的转换概率则为：

$$p_{\text{idle},U_i}^m(\Delta t^m) = \begin{cases} u_{\text{off}}^m + (1 - u_{\text{off}}^m) \cdot e^{-(\lambda_{\text{off}}^m + \lambda_{\text{on}}^m)\Delta t^m}, & H^m = 0 \\ u_{\text{off}}^m - u_{\text{off}}^m \cdot e^{-(\lambda_{\text{off}}^m + \lambda_{\text{on}}^m)\Delta t^m}, & H^m = 1 \end{cases} \tag{7-6}$$

根据文献提出的双次协同频谱感知方法[123,154],经过感知时间周期 t_s^m 后,信道 m 仍然处于 ON 状态的概率可以获得。如图 7-2 所示, U_i 选择一个最佳感知中继节点 SR_i 协同地感知信道 m 是否被 PU_i 占用。考虑到感知错误的存在,利用单次协同感知方法[161]和双次协同感知方法[123], U_i 所处信道 m 处于 ON 状态的概率分别表示为：

$$\begin{aligned} p_{\text{on},i}^m(t_s^m) &= p_{\text{busy},U_i}^m(\Delta t^m) \cdot \text{Pr}\{S^m(t_s^m) = 1 \mid S^m(t_s^m) = 1\} \cup \\ &\quad (1 - p_{\text{busy},U_i}^m(\Delta t^m)) \cdot \text{Pr}\{S^m(t_s^m) = 1 \mid S^m(t_s^m) = 0\} \\ &= p_{\text{busy},U_i}^m(\Delta t^m) \cdot \varphi(\zeta_m, 1 + P_{U_i}, \beta_1(1 + P_{SR_i})) + \\ &\quad (1 - p_{\text{busy},U_i}^m(\Delta t^m)) \cdot \varphi(\zeta_m, 1, \beta_0) \end{aligned} \tag{7-7}$$

$$Q_{\text{on},i}^m(t_s^m) = p_{\text{busy},U_i}^m(\Delta t^m) \cdot \left(\sum_{x=K_s}^{N_s} C_{N_s}^x (\varphi(\zeta_m, 1 + P_{U_i}, \beta_1(1 + P_{SR_i})))^x \right.$$

$$(1 - \varphi(\zeta_m, 1 + P_{U_i}, \beta_1(1 + P_{SR_i}))^{N_s - x})) \; +$$

$$(1 - p_{busy, U_i}^m(\Delta t^m)) \cdot \sum_{x = K_s}^{N_s} C_{N_s}^x \varphi(\zeta_m, 1, \beta_0)^x \qquad (7\text{-}8)$$

上式中 $p_{busy, U_i}^m(\Delta t^m)$ 由式(7-5)定义,$\varphi(\zeta_m, a, b) = \int_0^\infty e^{-h - \frac{\zeta_m}{a + bh}} dh$,

$\beta_1 = \dfrac{P_{SR_i}^{max} G_{US,i}}{1 + P_{SR_i} + P_{U_i}^{max} G_{US,i}}$ 和 $\beta_0 = \dfrac{P_{SR_i}^{max} G_{US,i}}{1 + P_{U_i}^{max} G_{US,i}}$ 分别指 SR_i 对 U_i 功

率放大倍数。$P_{U_i}^{max}$ 和 $P_{SR_i}^{max}$ 分别是 U_i 和 SR_i 最大传输功率限,$G_{US,i}$ 表示 U_i 和 SR_i 间的信道增益,ζ_m 指协同频谱感知在信道 m 的能量感知阈值,$N_s = |U|$ 表示认知节点数,K_s 为 N-out-of-K 判别准则中的判决值。

对于机会频谱接入路由协议,$1 - p_{on,i}^m$ 和 $1 - Q_{on,i}^m$ 表示 U_i 感知到信道 m 处于空闲状态的概率。一旦发送节点 U_i 发现一个空闲信道,它就会转到下一跳节点的选择过程,否则它会切换到另一个信道 $m + 1$,重新开始信道感知过程。

7.3.3 前传节点选择

在检测到一个空闲信道后,认知发送节点需要从相邻的认知节点中选择一个下一跳前传节点进行数据前传。然而,由于主用户可能重新占用信道,下一跳前传节点的选择可能会失败。一般这种情况很少发生,只有当周边的主用户在选择过程中突然活动才会发生,而选择下一跳前传节点的时间非常短,通常不超过 1 ms[139],因此在选择下一跳节点的过程中,不考虑主用户突然占用信道的情况。

在认知 CRAHNs 无线网络中,网络路由路径的连通性不仅取决于节点间的距离和传输功率,也取决于授权信道的可用概率。为了清楚获取认知 CRAHNs 无线网络中路由的唯一特性,给出以下一些定义。

定义1:几何链路(Geographic Link)

当两认知节点 U_i 和 U_j 在彼此的传输区域时,则两节点间存在几何链路,即两节点间的欧氏距离满足下式:

$$d(\mathrm{U}_i,\mathrm{U}_j) = \parallel X_i - X_j \parallel < \min\{r_{\mathrm{u}_i},r_{\mathrm{u}_j}\} \qquad (7\text{-}9)$$

上式中 X_i 和 X_j 分别表示认知节点 U_i 和 U_j 的位置坐标，r_{u_i}，r_{u_j} 分别表示认知节点 U_i 和 U_j 的传输覆盖范围半径。

定义 2：射频链路（Radio Link）

当两认知节点 U_i 和 U_j 间有公共可用频带（信道）时，则称该两点间存在射频链路。即 $SOP(\mathrm{U}_i) \cap SOP(\mathrm{U}_j) \neq \varphi$，$SOP(\cdot)$ 表示认知节点频谱可用机会（Spectrum Opportunities，SOP）集合。

定义 3：通信链路（Communication Link）

如果两认知节点 U_i 和 U_j 间同时存在有几何链路和射频链路，则 U_i 和 U_j 间存在通信链路，即 U_i 和 U_j 可以相互通信。也就是说，两认知节点是否能通信取决于它们之间的距离及频谱机会的可用性。

定义 4：干扰集（Interfering Set）

干扰集 $v_i^m(t) \subseteq v$ 表示阻止认知节点 U_i 在 t 时刻通过第 m 个信道接收或发送信息的主用户 PUs 集合，物理意义为认知节点 U_i 在主用户 PUs 的传输覆盖区域内将会受到主用户活动的干扰，其数学表达式为：

$$v_i^m(t) = \{\mathrm{PU} \in v: \parallel X_i - X_{\mathrm{pu}} \parallel (t) < \min\{r_{\mathrm{u}_i},r_{\mathrm{pu}}\}\} \qquad (7\text{-}10)$$

上式 X_i 和 X_{pu} 分别表示认知节点 U_i 和 PU 的位置坐标，r_{u_i}，r_{pu} 分别表示认知节点 U_i 和 PU 的传输覆盖范围半径。

类似地，定义 $v_{ij}^m(t) = v_i^m(t) \cup v_j^m(t)$，它表示在 t 时刻干扰两认知节点 U_i 与 U_j 在第 m 个信道通信的主用户 PUs 覆盖区域。

定义 5：链路可用概率（Link Availability Probability，LAP）

两认知节点 U_i 和 U_j 在第 m 个公共信道上通信，链路 l_{ij}^m 在 t 时刻没有受到主用户活动干扰的概率即为链路可用概率，其表达式为：

$$
\begin{aligned}
p_{ij}^m &\triangleq P(L_{ij}^m(t) = 1) \\
&= \prod_{\mathrm{PU} \in v_{ij}^m(t)} (1 - p_{\mathrm{on}}^m) \\
&= (1 - p_{\mathrm{on},i}^m) \cdot (1 - p_{\mathrm{on},j}^m) \qquad (7\text{-}11)
\end{aligned}
$$

式中 $L_{ij}^m(t)$ 是一个随机过程变量,描述了主用户 PUs 在链路 l_{ij}^m 的活动情况,$L_{ij}^m(t) = 1$ 表示链路 l_{ij}^m 在 t 时刻没有受到主用户活动干扰。p_{on}^m 表示主用户 PUs 在第 m 个信道的活动概率,$p_{on,i}^m(t)$ 可在信道感知过程中的式(7-7)或式(7-8)获得,表示认知节点 U_i 感知到主用户 PUs 在第 m 个信道的活动(占用)概率,即主用户对 U_i 的干扰概率。

定义 6:链路中断概率(Link Breakage Probability)

根据定义 5,两认知节点 U_i 和 U_j 在第 m 个公共信道上通信,链路 l_{ij}^m 在 t 时刻受到主用户活动干扰的概率即为链路中断概率,其表达式为:

$$\bar{p}_{ij}^m \triangleq P(L_{ij}^m(t) = 0)$$
$$= 1 - p_{ij}^m$$
$$= 1 - (1 - p_{on,i}^m) \cdot (1 - p_{on,j}^m) \qquad (7\text{-}12)$$

那么,在 t 时刻,两认知节点 U_i 和 U_j 间 m 个公共信道全部受到主用户 PUs 活动影响而链路中断的概率为:

$$q_{ij}^m(t) = \begin{cases} 1, & m = 0 \\ \prod_{x=1}^m \bar{p}_{ij}^x, & m \geq 1 \end{cases} \qquad (7\text{-}13)$$

定义 7:全中断概率(All Breakage Probability)/信道切换概率(Channel Switching Probability)

假设 U_i 在第 m 个公共信道上的认知邻居节点集为 $C \subseteq U$,将其按某一优先权递减规则顺序排列,选前 k 个最优节点作为最佳候选认知邻居节点,该最佳邻居节点集表示为 $U_c^m = \{(U_{c_1}, \cdots, U_{c_k}) \mid U_{c_j} \in C\}, j = 1, \cdots, k, U_{c_j} \in C$。在 t 时刻,U_i 与最佳邻居节点间各条链路全部受主用户 PUs 的活动干扰而中断的概率即为全中断概率,此时 U_i 不得不切换信道,故亦称信道切换概率,其数学表达式如下:

$$\bar{z}_{ic_k}^m = P(L_{ic_1}^m(t) = 0, \cdots, L_{ic_k}^m(t) = 0) \qquad (7\text{-}14)$$

若主用户 PUs 活动在 t 时刻对随机变量 $\{L_{ic_j}^m(t)\}_{j=1}^k$ 的影响是彼此独立的,此时的链路中断概率为:

$$\bar{z}_{iC_k}^m(t) = \prod_{j=1}^{k} P(L_{ic_j}^m(t) = 0)$$

$$= \prod_{j=1}^{k} \bar{p}_{ic_j}^m$$

$$= \prod_{j=1}^{k} (1 - p_{ic_j}^m) \qquad (7-15)$$

定义 8：条件链路中断概率（Conditional Link Breakage Probability）

结合定义 7，在 t 时刻，若已知第 k 条链路 $l_{ic_k}^m$ 不受主用户 PUs 活动的影响，前 $k-1$ 条链路 $l_{ic_1}^m, \cdots, l_{ic_{k-1}}^m$ 都受主用户 PU 活动的影响而链路中断的概率称为条件链路中断概率，其表达式为：

$$\bar{z}_{i \backslash c_k}^m(t) = P(L_{ic_1}^m(t) = 0, \cdots, L_{ic_{k-1}}^m(t) = 0 \mid L_{ic_k}^m(t) = 1)$$

$$= \prod_{j=1}^{k-1} \bar{p}_{ic_j}^m \qquad (7-16)$$

图 7-4 给出了定义 7 与定义 8 中关于中断概率与条件中断概率的区别。

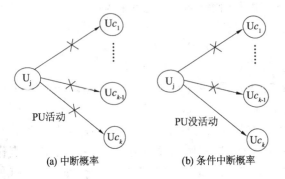

(a) 中断概率   (b) 条件中断概率

图 7-4　中断概率与条件中断概率的区别

因为在同一信道、同一时间、不同空间位置的认知节点受到主用户活动干扰不同，所以在第 m 个公共信道上，t 时刻，也许会有多个邻居候选节点可供 U_i 选择作为下一跳路由节点。根据定义 7，U_i 的最佳邻居候选节点集按照距离认知目的节点 U_d 最近的原则进行优先权排序，其优先权序列集为 $U_c^m = \{U_{c_1}, \cdots, U_{c_k}\}$，这个顺序反映了路由选择的先后顺序，即当且仅当所有优先权较大的候选

节点 $U_{c_1}, \cdots, U_{c_{k-1}}$ 都受到主用户活动的影响而链路连接失败时，U_{c_k} 才会被选为下一跳路由前传节点。若主用户 PUs 在 t 时刻的活动对随机变量 $\{L_{ic_j}^m(t)\}_{j=1}^k$ 的影响是相互独立的，那么此时 U_{c_k} 成为下一跳路由节点前传的概率 $p_{\text{forward},c_k}^m(U_i, U_{c_k})$ 可表示为：

$$
\begin{aligned}
p_{\text{forward},c_k}^m(U_i, U_{c_k}) &= p(L_{ic_1}^m = 0, \cdots, L_{ic_{k-1}}^m = 0, L_{ic_k}^m = 1) \\
&= p_{ic_k}^m \prod_{j=1}^{k-1} \bar{p}_{ic_j}^m
\end{aligned}
\tag{7-17}
$$

式中 $\bar{p}_{ic_j}^m$ 由式(7-12)定义。而 U_i 不得不切换到另一可用信道 $m+1$ 的切换概率为：

$$
\begin{aligned}
\bar{z}_{\text{switch},ic_k}^m(U_i, U_{c_k}) &= 1 - \sum_{U_{c_j}^m \in U_c^m} p_{\text{forward},c_j}^m(U_i, U_{c_j}) \\
&= p(\bigcap_{j=1}^k L_{ic_j}^m = 0) \\
&= \prod_{j=1}^k \bar{p}_{ic_j}^m
\end{aligned}
\tag{7-18}
$$

U_i 选择好下一跳路由节点 U_{c_k} 之后，如果在数据传输周期内没有主用户活动出现，就可以在链路 l_{ic_k} 上成功进行数据传输，此时在信道 m，U_i 和 U_{c_k} 间能成功路由的概率为：

$$
\begin{aligned}
p_{\text{link},ic_k}^m(U_i, U_{c_k}) &= \rho_{ic_k}^m \cdot p_{\text{forward},c_k}^m(U_i, U_{c_k}) \\
&= \rho_{ic_k}^m \cdot p_{ic_k}^m \prod_{j=1}^{k-1} \bar{p}_{ic_j}^m
\end{aligned}
\tag{7-19}
$$

式中 $\rho_{ic_k}^m \in [0,1]$ 被定义为期望的链路利用因数，它等于 U_i 和 U_{c_k} 在时间间隔 $(t+nT, t+(n+1)T)$ 内期望的累积通信时间 Δt_{ik} 与时间周期 T 的比值，可表示为：

$$
\rho_{ic_k}^m = \begin{cases} 1, & \Delta t_{ik} = T \\ \Delta t_{ik}/T, & \Delta t_{ik} < T \end{cases}
\tag{7-20}
$$

7.3.4　最优信道选择

为了优化 CRAHNs 路由的性能，试图优化路由每一链路（单跳）的性能。各认知节点 SU 与相邻节点周期性地交互授权信道的占用概率，根据式(7-17)，它可求得 N 个信道上的全部链路可用概率。在这 N 个信道中，具有最大链路可用概率的信道将被选择进

行数据传输,因此,U_i 和 U_{c_k} 间最优信道 $m_{ic_k}^{opt}$ 可通过下式获得:

$$m_{ic_k}^{opt} = \arg \max_{m \in [1,N]} \{ p_{link,ic_k}^m (U_i, U_{c_k}) \} \tag{7-21}$$

那么,此时 U_i 和 U_{c_k} 间的链路可用概率即可表示为:

$$p_{link,i}(U_i, U_{c_k}) = \max_{m \in [1,N]} \{ p_{link,ic_k}^m (U_i, U_{c_k}) \} \tag{7-22}$$

如果从认知源节点 U_s 到认知目的节点 U_d 间的路由跳数用 h 表示,那么整条路径成功路由的机会概率,亦称路径接入概率,可表示为:

$$p_{sd} = \prod_{i=1}^{h} p_{link,i}(U_i, U_{c_k}) \tag{7-23}$$

显然,路径接入概率是一个关于路由跳数 h 的减函数,当 h 取最小值时,可以得到最优的路径接入概率。假设认知源节点 U_s 到认知目的节点 U_d 间的距离为 d,且它们间的路由路径近似为一条直线,每一链路的长度为各认知节点的传输范围半径 r_{u_i},若各节点传输范围半径相等,即 $r_{u_i} = r$,最小路由跳数就可表示为 $h = \lceil d/r \rceil$。此外,根据极值运算的性质,当每一跳的链路可用概率相等时,可以得到路由接入概率的最大值,即:

$$p_{sd}^{max} = \{ p_{link,i} \}^{\lceil \frac{d}{r} \rceil} \tag{7-24}$$

7.3.5 最优路径选择

每一条链路选择好一个最优可用信道后,根据网络连通性原理,路由路径可被建立。然而,由于路由分集的存在,在认知源节点 U_s 到认知目的节点 U_d 间也许存在多条路由路径,那么如何选择一条最优路径使路由质量好且稳定就变得十分关键。根据式 (7-24),我们可以知道,一条完美稳定的全局最优路由路径需有最高的路径接入概率,并且各条链路的可用概率要均匀分布。因此,最优路由路径的选择可以用函数表达式表示为:

$$path_{sd}^{opt} = \arg \max_{route} \{ \prod_{i=1}^{h} p_{link,i}^{route}(U_i, U_{c_k}) \} \cap \arg$$

$$\max_{route} \{ \min_{i \in h}(p_{link,i}^{route}(U_i, U_{c_k})) \} \tag{7-25}$$

式中 route 表示路径分集数,即可能建立的路由路径数。上式第一项为最大路径接入概率, 可由式(7-23)求得, 第二项中 $\min\limits_{i \in h}(p_{\text{link},i}^{route}$ $(U_i, U_{c_k}))$ 表示在第 route 条路由路径上的 h 条链路中链路可用概率最小的链路的概率, 因此 route 条路由路径中含有 route 个最小链路可用概率, route 个最小链路可用概率中概率最大的那条链路所在的路径其路由稳定性最好, 概率最小的那条链路所在的路径其路由的稳定性最差, 链路最容易中断。

图 7-5 中有三条路由路径, 分别为路径 1: $\{U_s, A, B, U_d\}$, 路径 2: $\{U_s, E, F, U_d\}$, 路径 3: $\{U_s, C, D, U_d\}$。路径 1 的路由接入概率和路径 3 的路由接入概率虽然相等: $0.9 \cdot 0.3 \cdot 0.8 = 0.6^3$, 但是路径 1 中链路 AB 的可用概率相对路径 3 的各链路都较小, 链路较易中断, 所以路径 1 的稳定性较差。路径 2 的路由接入概率最大, 但是链路 EF 的可用概率相对路径 3 的各链路的可用概率则较小, 此时目的节点很难决策是选路径 2 还是路径 3。对于这种没有全局最优路径的情况, 目的节点选择路由接入概率最大的那条路径, 或者选择最小链路可用概率最大的那条路径作为最优路径, 其函数表达式为:

$$path_{sd}^{opt} = \begin{cases} \arg\max\limits_{route}\Big\{\prod\limits_{i=1}^{h} p_{\text{link},i}^{route}(U_i, U_{c_k})\Big\} \\ \text{or} \quad \arg\max\limits_{route}\big\{\min\limits_{i \in h}(p_{\text{link},i}^{route}(U_i, U_{c_k}))\big\} \end{cases} \quad (7\text{-}26)$$

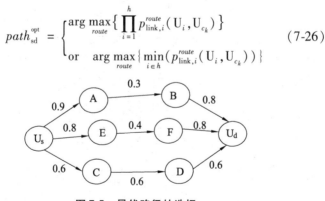

图 7-5　最优路径的选择

7.4　机会认知路由度量

本节主要研究分析影响路由性能的有关度量, 给出有关度量的闭合表达式,如路由接入机会、路由传输延迟等。

7.4.1　路由接入机会

上一节研究分析了认知路由节点根据链路可用概率选择最优空闲信道,具体地说,认知节点将在 t 时刻测量得到的各信道链路可用概率按降序排列,此序列即为认知节点进行信道选择的优先权序列。其优先权函数表达式为:

$$p_{\text{link},ic_k}^m(\mathrm{U}_i,\mathrm{U}_{c_k}) \geqslant p_{\text{link},ic_k}^{m+1}(\mathrm{U}_i,\mathrm{U}_{c_k}), m \in \{1,\cdots,N\} \quad (7\text{-}27)$$

它表示两认知节点 U_i 和 U_{c_k} 在信道 m 的链路可用概率要大于在信道 $m+1$ 的链路可用概率,只有信道 m 受到主用户活动干扰时才可切换到次优信道 $m+1$,直至发现一个空闲可用信道。若所有信道都被主用户活动干扰,就必须重新路由或切换路由路径。假设认知节点 U_i 在每一信道的最佳可选邻节点集为 $\mathrm{U}_c^m = \{\mathrm{U}_{c_j}\}_{j=1}^k$,可用信道数为 N,那么,在选择信道的过程中,它成功选择到可用信道的机会究竟有多大呢? 根据文献 [157] 和 [162],本文给出了其期望链路路由接入机会函数闭合表达式:

$$\bar{p}_{\text{link},i}(\mathrm{U}_i,\mathrm{U}_{c_j}) = \sum_{j=1}^k \sum_{m=1}^N \bar{q}_{ic_j}^{m-1} p_{ic_j}^m \quad (7\text{-}28)$$

式中 $\bar{q}_{ic_j}^{m-1}$ 将会在下一小节给出详细分析。路由链路传输过程中也许会受到主用户活动或其他因素干扰而选择失败,那么经过数次选择,链路成功路由的期望可表示为:

$$
\begin{aligned}
p_{i,c_j}(\mathrm{U}_i,\mathrm{U}_{c_j}) &= p(L_{ic_j} = 1) \\
&= \sum_{n=0}^{+\infty} (\bar{q}_{ic_k}^N)^n \sum_{j=1}^k \sum_{m=1}^N \bar{q}_{ic_j}^{m-1} p_{ic_j}^m \\
&= \frac{1}{1 - \bar{q}_{ic_k}^N} \sum_{j=1}^k \sum_{m=1}^N \bar{q}_{ic_j}^{m-1} p_{ic_j}^m \quad (7\text{-}29)
\end{aligned}
$$

式中 n 表示认知节点 U_i 试图传输数据失败的次数。

7.4.2　路由传输延迟

1. 链路传输延迟

若认知节点 U_i 在同一频带(信道)上仅有一个候选认知邻居节点 U_j,那么它在 N 个信道发送一个数据包到 U_j 所经历的时间称

为期望链路传输延迟,其表达式为:

$$T_{ij} = \frac{1}{1 - q_{ij}^N} \Big(\sum_{m=1}^{N} q_{ij}^{m-1} p_{ij}^m \frac{l}{\psi_{i,j}^m} + q_{ij}^N \cdot T \Big) \qquad (7\text{-}30)$$

式中 N 表示认知节点 U_i 和 U_j 间的可用信道总数;m 表示优先仅为第 m 的空闲可用信道,$1 \leqslant m \leqslant N$;$l$ 表示是数据包的长度;$\psi_{i,j}^m$ 表示认知节点 U_i 和 U_j 间在第 m 个信道的吞吐量;q_{ij}^m 在式(7-13)中定义;T 表示认知节点工作时间周期。式(7-30)的推导过程如下:

证明: 首先,为了分析方便,假设包的到达时间与时隙周期同步,如图 7-1 所示,U_i 和 U_j 间每次因 PU 的活动而不能成功传输的延迟为 SU 的一个工作时间周期 T,因此,期望链路传输延迟[157]表达式为:

$$T_{ij} = \sum_{n=0}^{+\infty} (q_{ij}^N)^n \Big(\sum_{m=1}^{N} q_{ij}^{m-1} p_{ij}^m \frac{l}{\psi_{i,j}^m} + \sum_{n=1}^{+\infty} (q_{ij}^N)^n \cdot nT \sum_{m=1}^{N} q_{ij}^{m-1} p_{ij}^m \Big)$$

$$\qquad (7\text{-}31)$$

如果 $|x| < 1$,通过利用 $\sum_{n=0}^{\infty} nx^n = \frac{x}{(1-x)^2}$ 和 $\sum_{n=0}^{\infty} x^n = \frac{x}{(1-x)^2}$,及式(7-13),可推导出 $\sum_{n=0}^{+\infty} (q_{ij}^N)^n = \frac{1}{1 - q_{ij}^N}$,$\sum_{m=1}^{N} q_{ij}^{m-1} p_{ij}^m = 1 - q_{ij}^N$。

根据式(7-30) U_i 有一个候选认知邻居节点的期望链路传输延迟表达式,可以推导出 U_i 有多个候选认知邻居节点时的期望链路传输延迟表达式。

推论1: 若认知节点 U_i 在同一频带(信道)上有 k 个候选认知邻居节点,则 U_i 在 N 个信道发送一个数据包到认知邻居节点集 $U_c^m = \{U_{c_j}\}_{j=1}^k$ 的第 j 个邻居节点 U_{c_j} 的期望链路传输延迟表达式为:

$$T_{\text{link},i}(U_i, U_{c_j}) = \frac{1}{1 - \bar{q}_{ic_k}^N} \Big(\sum_{j=1}^{k} \sum_{m=1}^{N} \bar{q}_{ic_j}^{m-1} p_{ic_j}^m \frac{l}{\psi_{ic_j}^{(m)}} + \bar{q}_{ic_k}^N \cdot T \Big)$$

$$\qquad (7\text{-}32)$$

式中 l 表示数据包的长度,$p_{ic_j}^m$ 由式(7-11)定义,$\psi_{i,j}^m$ 表示认知节点 U_i 和 U_j 间在第 m 个信道的吞吐量,T 表示认知节点工作时间周期,而 $\bar{q}_{ic_k}^N$ 和 $\bar{q}_{ic_j}^{m-1}$ 的表达式用 $\bar{q}_{ic_j}^{\tilde{m}}$ 表示为:

$$\bar{q}_{ic_j}^{\tilde{m}} = \prod_{m=1}^{N} \bar{z}_{ic_{j-1}}^{m} \cdot \prod_{m=1}^{\tilde{m}} \bar{p}_{ic_j}^{m}$$

$$= \prod_{m=1}^{N} \cdot \left(\prod_{x=1}^{j-1} \bar{p}_{ic_x}^{m} \right) \cdot \prod_{m=1}^{\tilde{m}} \bar{p}_{ic_j}^{m} \tag{7-33}$$

式(7-33)表示的物理意义为认知邻居节点集 U_c^m 中前 $j-1$ 个认知邻居节点 $\{U_{c_x}\}_{x=1}^{j-1}$ 在 N 个信道上全部受到主用户活动干扰,同时第 j 个认知邻居节点 U_{c_j} 在前 $\tilde{m}$ 个信道 $\{1,2,\cdots,\tilde{m}\}$ 也都受到主用户活动的干扰,而在第 $\tilde{m}+1$ 个信道没有受到主用户活动干扰,那么这两种情况同时发生的中断概率即为式(7-33)。换句话说,在信道 $\{1,2,\cdots,\tilde{m}\}$ 上,认知邻居节点集 U_c^m 中前 j 个认知邻居节点 $\{U_{c_x}\}_{x=1}^{j}$ 都受到主用户活动干扰,在第 $\tilde{m}+1$ 个信道上,认知邻居节点 $\{U_{c_x}\}_{x=1}^{j-1}$ 受到主用户活动干扰,而邻居点 U_{c_j} 没有受到主用户活动干扰,在信道 $\{\tilde{m}+2,\cdots,N\}$,认知邻居节点 $\{U_{c_x}\}_{x=1}^{j-1}$ 全都受到主用户活动干扰,这三种情况同时发生的中断概率,由文献[157]得其表达式为:

$$\bar{q}_{ic_j}^{\tilde{m}} = \prod_{m=1}^{\tilde{m}} \bar{z}_{ic_j}^{m} \cdot \bar{z}_{i \backslash c_j}^{\tilde{m}+1} \cdot \prod_{m=\tilde{m}+2}^{N} \bar{z}_{ic_{j-1}}^{m} \tag{7-34}$$

式中 $\bar{z}_{ic_{j-1}}^{m}$ 由式(7-15)定义, $\bar{z}_{i \backslash c_j}^{\tilde{m}+1}$ 由式(7-16)定义。比较式(7-33)与式(7-34),很明显,本文给出的式(7-33)比较容易理解,而且计算复杂度相对较低。此外,当 $k=1$ 时, $T_{\text{link},i}(U_i,U_{c_j}) = T_{ij}$,即式(7-32)等价于式(7-30),因此这验证了式(7-32)的正确性。

2. 路径传输延迟

上一节分析推导了一跳路由链路的期望传输延迟表达式,那么整条路由路径的期望传输延迟表达式是上节中式(7-32)的简单相加求和吗? 到底应该如何求解,下面将详细分析。首先,假设源节点 U_s 与目的节点 U_d 通信所选路由路径为 $path(U_s,U_d) = \{U_s, U_1, U_2, \cdots, U_i, \cdots, U_h, U_d\}$, $h \in \{1,2,\cdots,N_s-2\}$, $N_s = |U|$ 表示认知节点总数,所以路由路径总跳数 $hops = h+1$ 。如果用事件 $I = \{I_i | i \in (s,1,2,\cdots,h,d)\}$ 表示认知节点没有受到主用户 PUs 活动干扰,事件 $\bar{I} = \{\bar{I}_i | i \in (s,1,2,\cdots,h,d)\}$ 表示认知节点受到主用户

PUs 活动干扰,根据路由路径连通性原理,路由路径上各个认知节点都没受到主用户 PUs 活动干扰而成功传输的概率可表示为:

$$p_{s,d}(U_s,U_d) = p(U_s,U_1,U_2,\cdots,U_i,\cdots,U_h,U_d)$$
$$= p(I_s)p(I_1|I_s)\cdots p(I_d|I_s,I_1,I_2,\cdots,I_i,\cdots,I_h)$$
$$(7\text{-}35)$$

假设两节点间的路由路径(链路)近似为一条直线,每一跳的长度近似为各认知节点的传输半径 r_{u_i},因此第 $i+1$ 跳的路由链路仅与第 i 跳的路由链路相关。这意味着整个路由事件是一个马尔可夫过程(Markov Process),因此上式可简化为:

$$p_{s,d}(U_s,U_d) = p(U_s,U_1,U_2,\cdots,U_i,\cdots,U_h,U_d)$$
$$= p(I_s)p(I_1|I_s)\cdots p(I_d|I_h)$$
$$= p(L_{s1}=1,L_{12}=1,\cdots,L_{i,i+1}=1,\cdots,L_{h-1,h}=1,L_{h,d}=1)$$
$$= p(L_{s1}=1)p(L_{12}=1)\cdots p(L_{h,d}=1) \qquad (7\text{-}36)$$

同理可得路由路径前 i 跳成功传输的概率表达式为:

$$p_{s,i}(U_s,U_i) = p(L_{s1}=1)\cdots p(L_{i,i+1}=1)$$
$$= \prod_{x=0(s)}^{i}\{p_{x,c_j}(U_x,U_{c_j=x+1})\} \qquad (7\text{-}37)$$

式中当 $x=0$ 时即对应节点 U_s,将式(7-29)代入上式,即可求得机会认知路由前 i 跳成功传输概率的表达式为:

$$p_{s,i}(U_s,U_i) = \prod_{x=0(s)}^{i}\left\{\frac{1}{1-\bar{q}_{xc_k}^N}\sum_{j=1}^{k}\sum_{m=1}^{N}\bar{q}_{xc_j}^{m-1}p_{xc_j}^m\right\} \qquad (7\text{-}38)$$

由此,我们可以得到路由路径端到端的平均延迟表达式:理论 1。

理论 1:若源节点 U_s 通过候选邻居节点集 $U_c^m = \{U_{c_j}\}_{j=1}^{k}$ 与目的节点 U_d 发送数据包,路由路径 $path(U_s,U_d)$ 端到端的平均传输延迟表达式为:

$$T_{path}(U_s,U_d) = E\left[\sum_{i=0}^{h}T_{link,i}(U_i,U_{c_j=i+1})\right]$$
$$= \sum_{i=0}^{h}p_{s,i}(U_s,U_i)\cdot T_{link,i}(U_i,U_{c_j=i+1}) \qquad (7\text{-}39)$$

将式(7-37)与式(7-32)分别代入上式即可求得机会认知路由

（DCSS-OCR）端到端的平均路径延迟表达式为：

$$T_{path}(U_s, U_d) = \sum_{i=0}^{h} p_{s,i}(U_s, U_i) \cdot T_{link,i}(U_i, U_{c_j=i+1})$$

$$= \sum_{i=0}^{h} \frac{1}{1 - \bar{q}_{ic_k}^N} \left\{ \prod_{x=0(s)}^{i} \left\{ \frac{1}{1 - \bar{q}_{xc_k}^N} \sum_{j=1}^{k} \sum_{m=1}^{N} \bar{q}_{xc_j}^{m-1} p_{xc_j}^m \right\} \cdot \right.$$

$$\left. \left(\sum_{j=1}^{k} \sum_{m=1}^{N} \bar{q}_{ic_j}^{m-1} p_{ic_j}^m \frac{l}{\psi_{ic_j}^m} + \bar{q}_{ic_k}^N \cdot T \right) \right\} \qquad (7\text{-}40)$$

上式中当 $i=0$，即路由仅有一跳时，其值与式（7-32）相等。此外，值得强调的是路径平均传输延迟仅取决于链路可用概率、路径长度及已知的优先权规则。因此，表达式具有一般性，不受限于任何指定的网络拓扑和机会路由协议。式（7-40）的推导证明过程与式（7-30）类似，详细过程如下：

证明：为了方便的理解，假设路由路径仅为两跳 $\{U_s, U_i, U_d\}$，其机会路由树如图 7-6，经过简单的运算处理后，可得到其表达式：

$$T_{path}(U_s, U_d) = \sum_{n=0}^{+\infty} (\bar{q}_{sc_k}^N)^n \sum_{j=1}^{k} \sum_{m=1}^{N} \bar{q}_{sc_j}^{m-1} p_{sc_j}^{(m)} \left(\frac{l}{\psi_{sc_j}^{(m)}} + T_{c_jd} \right)$$

$$+ \sum_{n=1}^{+\infty} (\bar{q}_{sc_k}^N)^n \cdot nT \cdot \sum_{j=1}^{k} \sum_{m=1}^{N} \bar{q}_{sc_j}^{m-1} p_{sc_j}^{(m)} \qquad (7\text{-}41)$$

式中 c_j 对应 i，U_i 实际上代表一个候选邻节点集 $U_c^m = \{U_{c_j}\}_{j=1}^k$，$n$ 表示试图传输的失败次数，T 为一个工作帧时间周期。如果 $|x| < 1$，通过利用 $\sum_{n=0}^{\infty} nx^n = \frac{x}{(1-x)^2}$ 和 $\sum_{n=0}^{\infty} x^n = \frac{x}{(1-x)^2}$，可以推导出 $\sum_{n=0}^{+\infty} (\bar{q}_{sc_k}^N)^n = \frac{1}{1 - \bar{q}_{sc_k}^N}$，$\sum_{m=1}^{N} \bar{q}_{sc_j}^{m-1} p_{sc_j}^{(m)} = 1 - \bar{q}_{sc_k}^N$，从而可以获得式（7-40）。

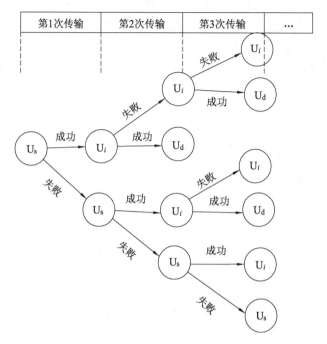

图 7-6　机会认知路由器

7.5　本章小结

　　本章针对多信道多跳认知无线 Ad hoc 网络中主用户活动干扰和复杂射频环境等动态特性所引发的路由不稳定性问题,将物理层(PHY)的频谱感知技术和媒体访问控制子层(MAC)的调度机制跨层协同到网络层的路由决策中,提出了基于双次协同频谱感知的认知机会路由协议(DCSS-OCR),以更准确地发现认知无线 Ad hoc 网络路由建立的机会,减少路由中断的概率。首先,构建了 DCSS-OCR 系统模型,给出了路由发现协议过程;其次,考虑路由分集的存在,给出了基于最短路径选择下一跳前传点,最大链路可用概率选择信道,以及最大路径接入概率和或最大化最小链路可用

概率选择路径的方法,以满足认知网络路由可靠性和稳定性目标;
最后,给出了链路可用性概率、中断概率、路径接入概率,期望链路
延迟和端到端平均延迟等路由度量的数学闭合表达式,并给出相
关推导证明。

第8章 DCSS-OCR 机会认知路由协议性能分析及优化

本章主要依据第 7 章推导分析的有关 DCSS-OCR 路由度量,对多信道多跳认知无线 Ad hoc 网络路由性能从准确性和最优性角度进行仿真分析和评估,并提出路由度量的优化方案。首先,利用理论数值分析和 Monte Carlo 仿真验证链路接入机会、链路平均传输延迟和路径平均延迟表达式的正确性;其次,仿真分析主用户活动对路由接入机会、中断和延迟的影响,仿真结果表明,本文所提基于双次协同频谱感知的机会认知路由 DCSS-OCR 决策算法,与利用单次协同感知理论和非协同感知理论的机会路由算法相比较,可以更加准确地发现路由接入机会和路由中断概率,这样有利于及时做好路由维护/恢复工作,减少因主用户突然出现而路由中断的机率。同时,仿真结果还揭示,相比于 SCSS-OCR 和 NCS-OCR 两种路由决策算法,DCSS-OCR 决策算法可以减少路由平均传输延迟。最后,仿真结果显示,空闲可用信道数、候选邻节点数和路由跳数也是影响路由成功建立与路由稳定性的重要因素。

8.1 引 言

认知无线 Ad hoc 网络(CRAHNs)路由面临许多挑战,由于主用户活动动态地改变着网络的拓扑和频谱的可用机会,认知节点不得不自适应地调整通信频率和可用信道,选择合适的路由路径。面对这些挑战,传统的测量路由质量的路由度量如吞吐量、延迟、能量有效性等已经不能满足路由决策的需求。为了得到一个实际有效的路由,不仅需要传统路由度量,还需要一些能将路径稳定性/PUs 活动和频谱利用率考虑进去的新路由度量联合捕获频谱信息,建立实际有效的路由。目前,CRAHNs 网络基于度量的路由协议研究主要包括以下六类[137]:

(1) 基于延迟的路由协议:以延迟为路由度量[66,163-164]。

(2) 基于链路稳定性路由协议:旨在选择最稳定的路由[165-168]。

(3) 基于吞吐量的协议:搜索最大吞吐量[169-170]。

(4) 基于位置的路由协议:利用距离目的节点最近的节点建立路由[140,171]。

(5) 基于能量的路由协议:最小化各节点所消耗的能量[172-173]。

(6) 联合的多度量路由协议:联合多个路由度量或根据一些满足 QoS 要求的特定规则度量[58,159,174-175]。

由于不同的路由度量会产生不同的最优路径,目前的一些研究成果尚存有一定限制或缺点,仍需进一步拓展或深入研究。因此,定义一些新的合理的路由度量,对测量实际多信道多跳认知无线 Ad hoc 网络路由质量和稳定性尤为重要。本章将依据第 4 章推导分析的有关 DCSS-OCR 路由度量,进一步深入研究并提出优化的路由度量。

8.2 路由度量的优化

第 7 章研究了机会认知路由协议的路由链路可用概率、路由路径接入机会,链路中断概率,期望链路传输延迟和路径端到端的平均传输延迟度量,这些度量可以不同程度地反应路由路径的质量和稳定性,根据不同的度量可以得到不同的最优路径。在第 7 章讨论的路由路径选择决策中,选择最优路由路径仅考虑了最大最小链路可用概率和(或)最大路径接入概率,在满足这些条件的情况下,路由链路传输延迟和路由端到端的平均传输延迟是否也是最优的呢? 本节将会详细分析讨论。

欲决策建立一条最优路由路径的期望是接入机会最大、利用时间最长、传输延迟最小,但是要同时实现全局最优的确很难,因此只能取一个折中的目标,先局部最优。因为一条路由路径端到端的性能取决于每链路(每一跳)的性能,所以为了提高路由整体性能,先对每一链路的性能进行改善和优化。首先,对链路可用概率和期望传输延迟进行优化,其优化目标函数表达式可表示为:

$$\underbrace{\max\{p_{\text{link},i}(U_i,U_{c_j})\}}_{\text{第一项}} \cup \underbrace{\min\{T_{\text{link},i}(U_i,U_{c_j})\}}_{\text{第二项}} \qquad (8\text{-}1)$$

式中第一项的 $p_{\text{link},i}(U_i,U_{c_j})$ 由第 7 章链路可用概率表达式(7-22)定义,第二项的 $T_{\text{link},i}(U_i,U_{c_j})$ 由第 7 章期望链路传输平均延迟表达式(7-32)定义。根据式(7-8)、式(7-11)、式(7-12)、式(7-19) 和式(7-20),可以得到上式第一项的优化目标函数表达式为:

$$\max_{j \in [1,k]}\{p_{\text{link},i}(U_i,U_{c_j})\}$$

$$= \max_{j \in [1,k]}\{\max_{m \in [1,N]}\{p^m_{\text{link},ic_j}(U_i,U_{c_j})\}\}$$

$$= \max_{j \in [1,k]}\{\max_{m \in [1,N]}\{\rho^m_{ic_j} \cdot (1 - p^m_{\text{on},i}) \cdot (1 - p^m_{\text{on},c_j}) \prod_{x=1}^{j-1}\{1 - (1 - p^m_{\text{on},i}) \cdot (1 - p^m_{\text{on},x})\}\}\}$$

$$\qquad (8\text{-}2)$$

将式(7-8) $Q^m_{\text{on},i}$ 表达式代入上式 $p^m_{\text{on},i}$,可以得到 DCSS-OCR 机会认知路由协议的链路可用概率优化函数表达式为:

$$\max_{j \in [1,k]}\{p_{\text{link},i}(U_i,U_{c_j})\}$$

$$= \max_{j \in [1,k]}\{\max_{m \in [1,N]}\{\rho^m_{ic_j} \cdot (1 - Q^m_{\text{on},i}) \cdot (1 - Q^m_{\text{on},c_j}) \prod_{x=1}^{j-1}\{1 - (1 - Q^m_{\text{on},i}) \cdot (1 - Q^m_{\text{on},x})\}\}\}$$

$$\qquad (8\text{-}3)$$

从上式可以看出,$p_{\text{link},i}(U_i,U_{c_j})$ 的优化实际上是关于 $Q^m_{\text{on},i}$ 函数、累积利用因子 $\rho^m_{ic_j}$、两认知节点 U_i 与 U_{c_k} 间空闲可用信道数 N,以及候选邻节点数 k 的优化。同时,U_i,U_{c_j} 需要满足几何链路通信受限条件 $d(U_i,U_{c_j}) = \|X_i - X_{c_j}\| < \min\{r_{u_i},r_{u_{c_j}}\}$。因此,关于链路可用概率的优化问题转化为:

$$\max_{j \in [1,k]}\{p_{\text{link},i}(U_i,U_{c_j})(\rho^m_{ic_j},Q^m_{\text{on},i},N,k)\} \qquad (8\text{-}4)$$

受限于：

$$0 \leqslant \Delta t_{ik} < T,$$

$$\| X_i - \{X_{c_j}\}_{j=1}^k \| < \min\{r_{u_i}, \{r_{u_{c_j}}\}_{j=1}^k\},$$

$$\| X_i - X_d \| - \| \{X_{c_j}\}_{j=1}^k - X_d \| > 0, \qquad (8-5)$$

$$\| X_{c_j} - X_d \| < \| X_{c_{j+1}} - X_d \|,$$

$$\forall j \in \{1, \cdots, k\}$$

式中：Δt_{ij} 为 U_i 和 U_{c_j} 在时间间隔 $(t + nT, t + (n+1)T)$ 内期望的累积通信时间；T 为认知节点工作时间周期；r_{u_i}, $r_{u_{c_j}}$ 分别为表示认知节点 U_i 和 U_{c_j} 的传输覆盖范围半径，X_i、$\{X_{c_j}\}_{j=1}^k$ 表示认知节点 U_i、$\{U_{c_j}\}_{j=1}^k$ 的位置坐标，$i \in \{s, \cdots, d\}$；$\| X_i - X_d \| - \| \{X_{c_j}\}_{j=1}^k - X_d \|$ 表示发送认知节点 U_i 与其候选邻节点集 $\{U_{c_j}\}_{j=1}^k$ 到认知目的节点 U_d 的前传距离增益，以确保 $\{U_{c_j}\}_{j=1}^k$ 中的任一节点到目的节点 U_d 的距离要比 U_i 到目的节点 U_d 的距离近；$\| X_{c_j} - X_d \| < \| X_{c_{j+1}} - X_d \|$ 表示 U_{c_j} 到目的节点 U_d 的距离要比 $U_{c_{j+1}}$ 到目的节点 U_d 的距离近。

类似地，由式 (7-32)，可以得到优化目标函数表达式 $(1-1)$ 中第二项关于期望链路传输平均延迟 $T_{\text{link},i}(U_i, U_{c_j})$ 的优化目标函数表达式为：

$$\min\{T_{\text{link},i}(U_i, U_{c_j})\}$$

$$= \min\left\{\frac{1}{1 - \bar{q}_{ic_k}^N}\left(\sum_{j=1}^k \sum_{m=1}^N \bar{q}_{ic_j}^{m-1} p_{ic_j}^m \frac{l}{\psi_{ic_j}^m} + \bar{q}_{ic_k}^N \cdot T\right)\right\} \qquad (8-6)$$

根据式 (7-8)、式 (7-11)、式 (7-12) 和式 (7-33)，上式中 $\bar{q}_{ic_k}^N$，$p_{ic_j}^m$，$\bar{q}_{ic_j}^{m-1}$ 表达式分别为：

$$\bar{q}_{ic_k}^N = \prod_{m=1}^N \cdot \left(\prod_{x=1}^k \{1 - (1 - Q_{\text{on},i}^m) \cdot (1 - Q_{\text{on},c_x}^m)\}\right)$$

$$p_{ic_j}^m = (1 - Q_{\text{on},i}^m) \cdot (1 - Q_{\text{on},j}^m)$$

$$\bar{q}_{ic_j}^{m-1} = \prod_{m=1}^N \cdot \left(\prod_{x=1}^{j-1} \{1 - (1 - Q_{\text{on},i}^m) \cdot (1 - Q_{\text{on},c_x}^m)\}\right) \cdot$$

$$\prod_{m=1}^{m-1} \{1 - (1 - Q_{\text{on},i}^m) \cdot (1 - Q_{\text{on},c_j}^m)\} \qquad (8-7)$$

从上式可以看出,$T_{\text{link},i}(\text{U}_i,\text{U}_{c_j})$ 的优化实际上也是关于 $Q_{\text{on},t}^{(m)}$ 函数,两认知节点 $\text{U}_i,\text{U}_{c_k}$ 间空闲可用信道数 N,候选邻节点数 k,以及信道吞吐量 $\psi_{ic_j}^{(m)}$ 的优化。同时,$\text{U}_i,\text{U}_{c_k}$ 需要满足几何链路通信受限条件 $d(\text{U}_i,\text{U}_{c_k}) = \| X_i - X_{c_k} \| < \min\{r_{\text{u}_i},r_{\text{u}_{c_k}}\}$。因此,关于链路平均传输延迟的优化问题可转化为:

$$\min\{T_{\text{link},i}(\text{U}_i,\text{U}_{c_j})(Q_{\text{on},i}^m,N,k,\psi_{ic_j}^m)\} \tag{8-8}$$

受限于:

$$\| X_i - X_{c_j} \| < \min\{r_{\text{u}_i},r_{\text{u}_{c_j}}\},$$

$$p_{\text{link},ic_j}^m(\text{U}_i,\text{U}_{c_j}) \geqslant p_{\text{link},ic_j}^{m+1}(\text{U}_i,\text{U}_{c_j}),\ \forall m \in \{1,\cdots,N\} \tag{8-9}$$

式中 X_i、X_{c_j} 分别表示认知节点 U_i 和 U_{c_j} 的位置坐标,r_{u_i}、$r_{\text{u}_{c_j}}$ 分别为表示认知节点 U_i 和 U_{c_j} 的传输覆盖范围半径。

通过上述分析,从式(8-4)和式(8-8)可综合得到,对优化目标函数式(8-1)的优化实际可以转化为对 $\rho_{ic_j}^m,Q_{\text{on},i}^m,\psi_{ic_j}^m,N,k$ 的优化。关于 $\rho_{ic_j}^m$ 的优化实际是尽可能选择信道可占用时间长的空闲可用信道,$Q_{\text{on},i}^m$ 关于检测准确性的优化,在第 5 章已经详细讨论分析,$\psi_{ic_j}^m$ 关于信道吞吐量的优化在第 6 章已经详细讨论分析,对于可用信道数 N 和候选邻节点数 k 的优化,将在下一节通过仿真分析加以讨论。

8.3　路由性能评估

本节主要通过仿真分析进一步评估所提基于双次协同频谱感知的机会认知路由协议的准确性和最优性。在仿真中,为简化分析,假设各认知路由节点有相同的射频覆盖范围,各信道对主用户感知能力也相同,感知的虚警概率 $p_f = 0.1$,链路两节点在时间间隔 $(t+nT,t+(n+1)T)$ 一个周期 T 内的期望累积通信时间 $\Delta t_{ij} = T - t_s$,因为感知时间 $t_s \ll T$,所以累积利用因子 $\rho_{ic_j}^m = \dfrac{\Delta t_{ij}}{T} \approx 1$。

8.3.1 DCSS-OCR 的验证

主用户 PUs 在各信道的活动建模为 ON-OFF 开关过程。ON-OFF 时间均值 $E[T_{on}^m]$ 和 $E[T_{off}^m]$ 分别服从参数为 λ_{on}^m 和 λ_{off}^m 指数分布,假设各信道的分布参数相同,即 $\lambda_{on}^m = \lambda_{on}$,$\lambda_{off}^m = \lambda_{off}$,这里 $\lambda_{on} = 1/2$,主用户 PUs 未占用授权信道的先验空闲率 $u_{off} = \lambda_{on}/(\lambda_{off} + \lambda_{on})$,$0.05 < u_{off} < 0.95$。认知节点的感知周期 $T = 1$ s,感知时隙(感知时隙结构图详见第 5 章)中 $T_1 = T_2 = 20$ ms,$T_3 = 4$ ms。发送包的长度 $l = 1\,500$ bits,两节点间在各信道的吞吐量 $\psi = 54$ Mbps,授权信道数 $N = 5$,各路由节点的最优候选邻节点数 $k = 2$。

传播模型是一个简化的无线信道路径损耗和衰落模型,用均值为零的高斯随机变量 $X(0,\sigma)$ 表示长期衰落效应。那么在距离 d 处的平均接收功率可表示为:

$$P_{rx,dB}(d) = P_{tx,dB} + 20\log_{10}\left(\frac{\zeta}{4\pi d_0}\right) + 10\eta\log\left(\frac{d}{d_0}\right) + X_{dB} \quad (8\text{-}10)$$

式中 $P_{tx,dB}$ 表示发射机的传输功率,ζ 表示信号波长,d 表示发射机到接收机之间的距离,d_0 表示参考距离,一般取 $d_0 = 1$ m,η 表示信道路径损耗指数,σ 表示衰落偏移。

这里设置主用户 PU_i 的最大传输功率限为 $P_{tx}^{max} = 10$ dB,认知路由节点 U_i 的最大传输功率限 $P_{U_i}^{max} = 10$ dB,最佳感知中继节点 SR_i 最大传输功率限 $P_{SR_i}^{max} = 10$ dB,认知路由节点 U_i 从主用户 PU 的接收功率的 SNR $P_{U_i} = 0$ dB,感知中继节点 SR_i 从主用户的接收功率的 SNR P_{SR_i} 变化范围为 $0 \sim 30$ dB;主用户 PUs 与认知节点 SUs 间的路径损耗指数 $\eta = 4.5$,主用户 PUs 与认知节点 SUs 中继节点和认知节点 SUs 与认知节点间的路径损耗指数 $\eta = 2$;各链路经历一个均值为 0,方差为 1,独立同分布的 Rayleigh 平坦衰落信道和 $\sigma^2 = 1$ 的加性高斯白噪声(Additive White Gaussian Noise,AWGN)。

图 8-1 通过蒙特卡洛仿真(Monte Carlo)和四种不同频谱感知方法来验证第 7 章期望链路路由接入机会(路由成功概率)理论表达式(7-28)的正确性。具体地说,将 Monte Carlo 仿真结果和理论数值分析结果随主用户 PU 授权信道空闲(OFF)率的增加进行比

较,并对 DCSS-OCR、SCSS-OCR、NCS-OCR 三种协议与理想的无频谱感知错误存在的路由协议 Ideal-OCR 进行比较。

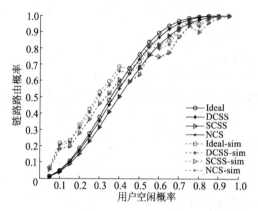

图 8-1　链路路由接入机会(路由成功概率)验证与比较

首先,可以注意到四种感知方法的 Monte Carlo 仿真结果和理论数值分析结果基本一致,验证了所提表达式(7-28)的正确性。需要说明的是,虽然仿真结果与理论数值分析结果存有微小偏差,这是由主用户 PU 随机产生的信号,以及随机指数分布的 ON/OFF 时间所致。

其次,可以观察到采用 DCSS 的仿真与数值分析结果要优于采用 SCSS 和 NCS 这两种感知方法的结果。这说明相比于其他两种频谱感知方法,认知节点 SUs 可以有更多的路由接入机会,而且它的结果更接近于理想 Ideal 无频谱感知错误(无检测虚警概率和漏检概率存在)的实际结果。

最后,可以发现链路路由接入机会随 PU 空闲概率的增加而明显增长,增长幅度较强,因此当主用户 PUs 空闲机会越大时,认知节点 SUs 接入授权信道的机会就会越多。

图 8-2 用与图 8-1 同样的方法来验证第 7 章期望链路传输延迟理论表达式(7-32)的正确性。从图中可以观察到仿真结果与理论数值分析结果亦非常接近。

其次,可以进一步发现,当主用户 PUs 的空闲率 u_{off} 很低时,比

如 $u_{off}=0.05$ 时,四种感知方法的 Monte Carlo 仿真期望传输延迟结果都比理论分析时的期望传输延迟结果略小些,而且此时传输延迟最大。这是因为此时 PUs 的活动概率很高,SUs 需要周期性的频繁感知是否有可利用的授权信道,此时延迟主要由于感知到 PU 活动而不能传输数据。

相反的是,随着主用户 PUs 的空闲率 u_{off} 的增加,链路期望传输延迟逐渐减小,仿真结果与理论分析结果之间的偏差也逐渐缩小,当 $u_{off} \geqslant 0.5$ 时,采用四种感知方法的 Monte Carlo 仿真延迟结果开始比理论分析时的延迟结果要略大些,如图 8-2 中局部放大图所示。随着 u_{off} 的继续增加,仿真结果与理论分析结果之间的偏差又逐渐变大,而且链路期望传输延迟下降更明显,当 $u_{off}=0.95$ 时,链路期望传输延迟值很小。这是因为此时主用户 PUs 基本不活动,认知节点 SUs 可以充分利用空闲信道进行数据包传输,此时延迟主要是由数据传输产生。

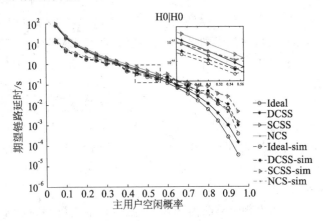

图 8-2　期望链路传输延迟的验证与比较

最后,可以发现采用四种方法所得仿真结果的明显区别:采用 DCSS 方法的仿真与数值分析结果要明显小于采用 SCSS 和 NCS 两种方法的结果,认知节点的传输延迟会减少,而且更接近于理想无感知错误存在的实际结果。

因此,综合图 8-1 和图 8-2,可以得出结论:当 PUs 处于空闲状态时,所提的 DCSS-OCR 可以提高认知节点链路路由接入的机会,并减少了传输延迟,而且其结果更接近于实际值,这验证了所提方案的正确性。

8.3.2　DCSS-OCR 期望链路路由机会和平均传输延迟准确性分析

图 8-3 所示为利用 DCSS-OCR 理论得到的期望链路路由机会概率(见式(7-28))与主用户对频带(信道)占用率 u_{on} 的关系曲线,仿真环境与参数设置同 8-1。从图中可以观察到期望链路路由机会概率随主用户占用率 u_{on} 的增加而减小。

图中 P_{H_1} 表示对某一主用户 PU 在某一段统计时间 Δt 内,它即有活动(ON 状态)又有不活动(OFF 状态)这两种状态时,认知节点 SUs 依据其感知结果及主用户 PU 的历史行为统计,依据统计概率公式 $P(H_1) = u_{on} \cdot P(H_1 \mid H_1) + u_{off} \cdot P(H_1 \mid H_0)$,统计分析主用户 PU 有活动(ON)状态的概率,然后预测出对主用户 PU 所占用信道的可用概率及路由链路的接入机会概率;$P_{H_1 \mid H_1}$ 表示仅对主用户 PU 处在 ON 状态时,根据统计概率公式 $P(H_1) = u_{on} \cdot P(H_1 \mid H_1)$,认知节点预测对主用户所占用信道的可用概率及路由链路的接入机会概率,而忽略了主用户 PU 处在 OFF 状态时虚警概率的影响,因此这时 $P_{H_1 \mid H_1}$ 预测出的路由链路的接入机会概率要高于 P_{H_1} 的情况,如图 8-3 所示。对应的实际仿真结论与理论数值仿真结论亦相一致,只是仿真值略小于理论值,由于实际环境的影响,出现这种现象也是合理的。

同理,图中 P_{H_0} 表示根统计概据率公式 $P(H_0) = u_{off} \cdot P(H_0 \mid H_0) + u_{on} \cdot P(H_0 \mid H_1)$,$H_0 \mid H_0$ 表示根据统计概率公式 $P(H_0) = u_{off} \cdot P(H_0 \mid H_0)$,认知节点统计分析主用户处于 OFF 状态的概率,从而预测出对主用户所占用信道的可用概率和路由链路接入机会概率,因为 P_{H_0} 忽略了主用户 PU 处在 ON 状态时漏检概率的影响,显然,$P_{H_0 \mid H_0}$ 的值会小于前者 P_{H_0} 的。实际仿真结果与理论结果亦一致,如图中局部放大图所示。

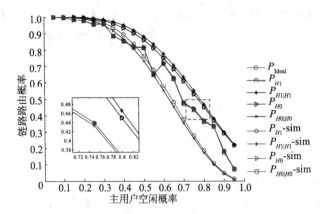

图 8-3   DCSS-OCR 期望链路路由接入机会准确性分析

此外,从图中还可以注意到 P_{H_1} 和 P_{H_0} 结果是一致的,这说明计算路由链路接入机会概率时,利用统计概率 $P(H_1) = u_{on} \cdot P(H_1 | H_1) + u_{off} \cdot P(H_1 | H_0)$ 及 $P(H_0) = u_{off} \cdot P(H_0 | H_0) + u_{on} \cdot P(H_0 | H_1)$ 所得的结果是相同的,因此两种统计方法可互用。

然而,$P_{H_1 | H_1}$ 与 $H_0 | H_0$ 仿真结果却有很大的差别,$P_{H_0 | H_0}$ 与 $P_{H_1 | H_1}$、P_{H_1} 和 P_{H_0} 的相比,其数值结果略小于实际值,而 $P_{H_1 | H_1}$、P_{H_1} 和 P_{H_0} 的数值结果偏大于实际值。因此,用 $P_{H_0 | H_0}$ 计算结果更加准确。

图 8-4 对 DCSS-OCR 期望链路平均传输延迟(表达式(7-32))的准确性进行了分析。从图中可以观察到期望链路平均传输延迟随主用户占用率 u_{on} 的增加而增加。实际仿真结果与理论数值结果基本一致,实际仿真结果略大于理论数值结果也是合理的。

同理,可以得到相似结论:P_{H_1} 和 P_{H_0} 结果亦是一致的;当 $u_{on} \leqslant 0.5$ 时,$P_{H_0 | H_0}$ 的仿真数值结果微大于 Ideal 实际值(如图中红色曲线所示),当 $u_{on} > 0.5$ 时,$P_{H_0 | H_0}$ 的仿真结果逐渐与 Ideal 实际结果重合(如图中局部放大图所示);而 $P_{H_1 | H_1}$、P_{H_1} 和 P_{H_0} 的仿真结果都略小于 Ideal 实际结果。因此,用 $P_{H_0 | H_0}$ 计算的期望链路平均传输延迟更接近于实际结果,更加准确。

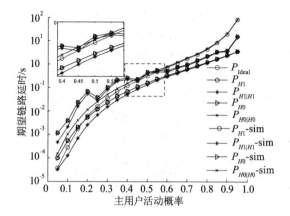

图 8-4　DCSS-OCR 期望链路平均传输延迟准确性分析

最后,综合图 8-3 和图 8-4 的结果可以得出结论:通过 $P_{H_0|H_0}$ 方法计算的期望链路路由机会和平均传输延迟会更准确,较接近于实际值;通过 P_{H_1} 和 P_{H_0} 计算的结果次之 $P_{H_0|H_0}$;通过 $P_{H_1|H_1}$ 计算的结果与实际值相差最大。但是,实际检测时并不知道主用户是否活动,只能用 P_{H_1} 概率统计来判断主用户的活动概率 $P(H_1)$,为提高统计准确度,只能尽量提高检测概率 $P(H_1|H_1)$,降低虚警概率 $P(H_1|H_0)$,使得实际检测概率 $P(H_1)$ 接近于理论值 u_{on}。

8.3.3　DCSS-OCR:不同参数对传输延迟性能的影响

1. 不同参数对链路传输延迟的影响

图 8-5 描述了 DCSS-OCR 协议中不同空闲可用信道数 N 对期望链路传输延迟的影响。仿真参数的设置如下:主用户 PUs 在 ON 状态的平均时间 $E[T_{on}]=2$ s,认知发送节点 U_i 在各信道的下一跳最优候选邻节点数 $k=2$,SUs 感知周期 $T=1 s$,感知微时隙长度 $T_1=T_2=20$ ms,$T_3=4$ ms。发送包的长度 $l=1\ 500$ bits,在各信道的吞吐量 $\psi=54$ Mbps。

从图中可以观察到,期望链路传输延迟随 PU 活动概率的增加而逐渐增加,随空闲可用信道数的增加而减少。对于某一固定的活动概率,如 $u_{on}=0.95$ 时,当各认知节点空闲可用信道数 N 分别为 1,3,5 时,期望链路传输延迟分别为 10 s,2 s,1 s,可以发现随着空闲可用信道数的均匀增加,期望链路传输延迟的降幅逐渐变小。

因此,期望链路传输延迟会随空闲可用信道数 N 的增加而减小,但空闲可用信道数 N 并不是越多越好,N 应该有一个最优值;当降低幅度趋于 0 时,说明 N 继续增加对期望链路传输延迟的减小已没有贡献,此时对应的空闲可用信道数应该是 N 的最优值。

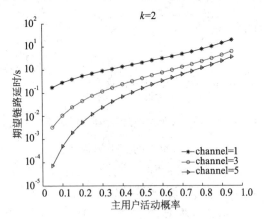

图 8-5 空闲可用信道数 N 对期望链路传输延迟的影响

图 8-6 描述了下一跳最佳候选邻节点数 k 对期望链路传输延迟的影响。已知各认知路由节点可用信道数 $N=3$,其他参数设置同图 8-5。从图中可以观察到期望链路传输延迟是关于 PU 平均空闲时间的减函数,随着空闲时间的增加,期望链路传输延迟快速下降,当 $k=1$ 平均空闲时间从 0.1 s 增加到 1.1 s,期望链路传输延迟约从 1.6 s 快速降到 0.1 s。

其次,当 PU 平均空闲时间 $E[T_{off}]$ 约小于 0.8 s 时,随着下一跳最佳候选邻节点数 k 的增加,期望链路传输延迟大幅度的降低,如 $E[T_{off}]=0.1$ s 时,$k=1,2,3$ 时的期望链路传输延迟分别约为 1.6 s,0.6 s,0.3 s,可以发现降低幅度逐渐变小。

因此,期望链路传输延迟会随最佳候选邻节点数 k 的增加而降低,但并不是 k 越大越好,而是有一个最优值,当降低幅度趋于 0 时,候选邻节点数 k 继续增加对期望链路传输延迟的减小已没有贡献,此时所对应的 k 值应该是最优值。

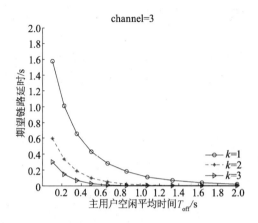

图 8-6　候选邻节点数 _k_ 对期望链路传输延迟的影响

2. 不同参数对端到端路径传输延迟的影响

图 8-7 描述了不同路由路径跳数 _hops_ 随主用户活动概率的变化对端到端期望路径传输延迟(根据式(7-40)仿真计算)的影响。仿真参数设置:空闲可用信道数 $N = 2$,最佳候选邻居节点数 $k = 2$,其他参数设置同图 8-6。

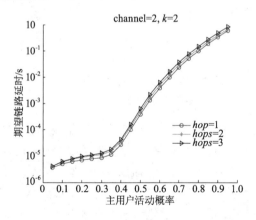

图 8-7　路由路径跳数 _hops_ 对端到端期望路径传输延迟的影响

首先,从图中可以观察到,期望路径传输延迟亦随 PUs 活动概率的增加而增加,当 PUs 活动概率约小于 0.4 时,期望路径传输延迟的增长较缓慢,此时的期望路径传输延迟主要由数据包的传输延迟产生;而当 PUs 活动概率约大于 0.4 时,期望路径传输延迟的增幅变大,此时的期望路径传输延迟主要由 PUs 活动而产生。

其次,随着路径跳数从 1 增加到 3,相应的期望路径传输延迟也小幅度增加。因此,期望路径传输延迟会随路由路径跳数的增加而相应增加。

图 8-8 描述了不同路由路径跳数 *hops* 随空闲可用信道数 N 的增加对期望路径传输延迟的影响。已知当 PUs 不占用授权信道的空闲概率 $u_{off} = 0.6$,最佳候选邻居节点数 $k = 2$,其他参数设置同图8-6。

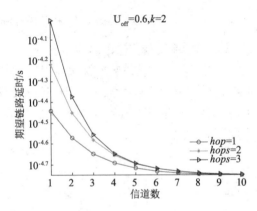

图 8-8 空闲可用信道数 N 与路径跳数 *hops* 对端到端期望
路径传输延迟的影响

首先,从图中可以观察到,期望路径传输延迟随空闲可用信道数 N 的增加而减小,当空闲可用信道数 N 增加到 8 时,期望路径传输延迟已趋近于 0,当空闲可用信道数继续增加时,对期望路径传输延迟的减小已没有贡献。因此,空闲可用信道数 N 并不是越大越好,而是有一个最优值,这进一步验证了图 8-4 所得的结论。

其次,随着路由跳数 *hops* 的增加,期望路径传输延迟亦增加,对于某一固定空闲可用信道数 N,如 $N = 1$ 时期望路径传输延迟随着路由跳数 *hops* 的增加均匀增加,但随着 N 的增加,期望路径传输

延迟随着路由跳数 *hops* 的增加,其增幅逐渐减小。

因此,期望路径传输延迟由路由跳数 *hops* 与空闲可用信道数 *N* 共同影响。

8.3.4 DCSS-OCR:路由机会的性能分析

图 8-9 描述了用四种不同频谱感知算法比较路由路径中断概率的曲线图。仿真环境设置同 8.3.1 节中的环境设置,各链路中节点的相关参数设置和信道利用率相同。参数设置为:认知节点 SUs 感知的虚警概率 $p_f = 0.1$,最佳候选邻居节点数 $k = 2$,已知当 PUs 不占用授权信道的空闲概率 $u_{on} = 0.6$,路由路径的跳数 $hops = 3$。

从图中可以观察到,在 DCSS-OCR 协议算法中,感知中继节点 SR_i 到主用户 PUs 的距离的变化对路由路径中断的影响不明显。其次,与 NCS-OCR 协议算法相比,DCSS-OCR 协议算法的仿真结果明显优于 NCS-OCR 协议算法,而且最接近于理论的结果。

因此,所提 DCSS-OCR 协议算法更能准确预判决路由中断的发生,以便及时做好信道切换或路由维护工作,防止路由中断的发生。

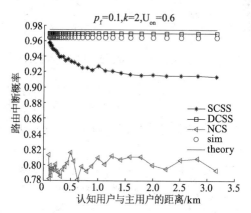

图 8-9 路径中断概率

图 8-10 描述了端到端的路由路径接入机会(路径成功接入概率,根据公式(7-23)定义)与空闲可用信道数和路径跳数的关系曲线图。仿真参数设置:主用户 PU_i 的最大传输功率限 $P_{tx}^{max} = 10$ dB,

ON-OFF 过程指数分布参数 $\lambda_{on} = 1, \lambda_{off} = 1$；认知路由节点 U_i 最大传输功率限 $P_{U_i}^{max} = 10$ dB，最佳感知中继节点 SR_i 最大传输功率限 $P_{SR_i}^{max} = 10$ dB，认知路由节点 U_i 从主用户 PU 的接收功率的 SNR $P_{U_i} = 0$ dB，感知中继节点 SR_i 从主用户的接收功率的 SNR $P_{SR_i} = 13$ dB；主用户 PUs 与认知节点 SUs 间的路径损耗指数 $\eta = 4.5$，主用户 PUs 与认知节点 SUs 中继节点和认知节点 SUs 与认知节点间的路径损耗指数 $\eta = 2$；认知节点 SUs 感知的虚警概率 $p_f = 0.1$。

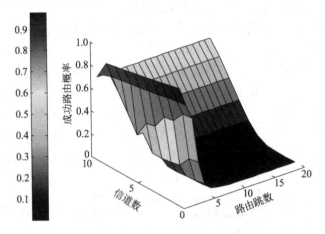

图 8-10　可用信道数和路径跳数对路径接入机会的影响

从图中可以观察到，随认知节点空闲可用信道数 N 的增加，路由成功接入机会增多；而随着路由跳数 $hops$ 的增加，路由成功接入机会减少。当可用信道数 $N \leqslant 5$，路由跳数增加到 5 时，路由成功接入机会几乎趋近于 0。

因此，为了增加路由成功建立的机会，在选择路由节点时要尽量增加单跳链路的长度，减少路由路径的跳数。

8.4　本章小结

本章对 DCSS-OCR 机会认知路由协议中关于期望链路接入机会和平均传输延迟度量提出了优化方案。通过 Monte Carlo 实验仿真和理论数值分析验证了链路接入机会和平均传输延迟表达式的正确性。通过仿真和数值仿真分析了主用户活动对路由链路、路径接入机会及平均传输延迟的影响。

仿真结果表明:本文所提基于 DCSS-OCR 决策算法,与利用单次协同感知理论(SCSS)和非协同感知理论(NCS)的机会认知路由算法相比较,可以更加准确地发现路由机会和路由中断概率,并减少了路由平均传输延迟。同时,空闲可用信道数 N、最佳候选邻节点 k 和路径跳数 $hops$ 在很大程度上影响着路由接入机会和平均传输延迟。随着 N、k 的增加,路由成功接入机会增多,平均传输延迟减少,但 N、k 不能无限增加,而是有一个最优值;相反,路径跳数 $hops$ 的增加,减少了路由成功接入机会,增加了路径传输延迟。

因此,为了增加路由成功建立的机会,得到一个稳定、有效和高效的路由,必须设计一个较优的路由决策算法,合理选取路由协议各参数。

第9章 基于认知无线电的5G网络

认知无线电技术 CR 与第五代无线通信技术 5G 被认为是未来的新兴技术,一方面是因为 CR 通过智能认知终端用户"见缝插针"地二次利用空闲的授权频谱,从而大幅度地增加频谱利用有效性;另一方面因为 5G 是动态工作的大规模无线创新通信系统(Wireless Innovative System for Dynamic Operating Megacommunications concept, WISDOM),最终要以超高速率的 QoS 应用服务质量实现万物互连。本章将 CR 认知无线电技术与 5G 通信技术相融合,产生两个创新思想:① 5G 终端是一个 CR 终端;② 动态工作的大规模无线创新通信系统概念 WISDOM 选择 CR 技术。那么 5G 利用 CR 的灵活性和自适应性,率先进入有形的商业模式。

9.1 引 言

移动通信自 20 世纪 80 年代诞生以来,经过三十多年的爆发式增长,已成为连接人类社会的基础信息网络。移动通信的发展不仅改变了人们的生活方式,而且已成为推动国民经济发展、提升社会信息化水平的重要引擎。随着 4G 进入规模商用阶段,面向 2020 年及未来的第五代移动通信(5G)已成为全球研发热点。欧盟最早于 2012 年 11 月宣布启动 METIS(Mobile and wireles communications Enablers for the 2020 information society,2020 年信息社会的无线移动通信关键技术)的 5G 研究项目,目标是为建立下一代移动和无线奠定基础,为未来的移动通信和无线技术在需求、特性和指标上达成共识,取得在概念、雏形、关键技术组成上的统一意见。2013

年,欧洲联盟(EU, European Union)在第 7 框架计划启动了面向 METIS 和 5G NOW(Generation Non-Orthogonal Waveforms for Asynchronous Signalling)项目,重点研究未来 5G 移动通信系统关键理论与技术。2013 年 2 月由中国工业和信息化部、国家发展和改革委员会、科学技术部联合成立 IMT-2020 推进组,推进组集合我国高校、科研院所及相关企业共同致力于我国 5G 移动通信系统的研究与标准化进程。同年底,我国启动了国家高技术研究发展计划(简称国家 863 计划)"5G 移动通信系统前期研究开发(一期)"项目,项目面向 2020 年移动通信应用的需求,从网络系统架构、无线传输技术、无线组网技术、系统评估与测试验证等几个方面出发,研究面向 5G 研究技术。2014 年 2 月 20 日,又启动了国家 863 计划"5G 移动通信系统研究开发(二期)"项目,二期在一期基础上,重点实现可配置实验平台、毫米波通信、无线网络虚拟化、接入安全及新型编码调制等几个方面。继 EU 和 ITU 之后,美国、英国、韩国也较早地开始了面向 5G 移动通信系统的相关研究工作。国际最具有影响的标准化组织第三代合作伙伴计划(Third Generation Partnership Project,3GPP)已于 2016 年 3 月启动了面向 5G 移动通信系统的标准化研究,预计 2018 年年底将提出初步的 5G 移动通信技术标准。

　　我国 IMT-2020(5G)推进组发布的 5G 概念白皮书[182]从 5G 愿景和需求出发,分析归纳了 5G 主要技术场景、关键挑战和适用关键技术,提取了关键能力与核心技术特征并形成 5G 概念。2015 年 6 月,国际电信联盟(ITU)将 5G 正式命名为 IMT-2020,并且把移动宽带、大规模机器通信和高可靠低时延通信定义为 5G 主要应用场景[177],如图 9-1 所示。

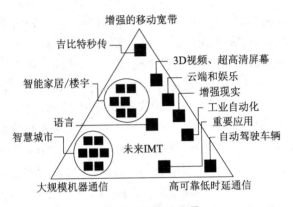

图 9-1　5G 应用场景

图 9-2 展示了不同应用场景下的不同技术要求[177]。5G 不再单纯地强调峰值速率,而是综合考虑 8 个技术指标:10 ~ 20 Gbit/s 的峰值速率、100 Mbit/s ~ 1 Gbit/s 的用户体验速率、100 万/km² 的连接数密度、500 km/h 的移动性支持、1 ms 的空口时延、相对 4G 提升 3 ~ 5 倍的频谱效率、百倍的网络能量效率,10 Mbit/(s · m²) 的流量密度。

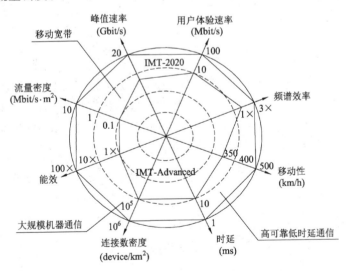

图 9-2　5G 关键技术指标

　　与现有 4G 相比,随着用户需求的增加,5G 网络应重点关注 4G 中尚未实现的挑战,包括容量更高、数据速率更快、端到端时延更低、开销更低、大规模设备连接和始终如一的用户体验质量(QoE)[178]。图 9-3 简略描述了这些挑战及潜在的解决方案和相应的设计原则[179]。随着这些技术的融入,5G 的性能将不断得到提升。在本章后述小节中将详细介绍 5G 的一些潜在关键技术,阐述学术界具有代表性的观点[179]。

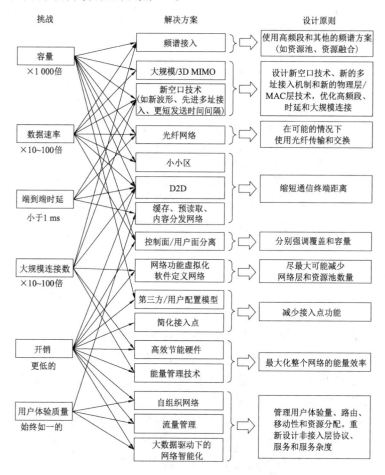

图 9-3　5G 挑战、解决方案和设计原则[179]

当前,制定全球统一的 5G 标准已成为业界共同的呼声,如图 9-4 所示[176],ITU 在 2016 年开展 5G 技术性能需求和评估方法研究,2017 年年底启动 5G 候选方案征集,计划 2020 年底完成标准制定。3GPP 作为国际移动通信行业的主要标准组织,将承担 5G 国际标准技术内容的制定工作。3GPP Rel-14 阶段被认为是启动 5G 标准研究的最佳时机,Rel-15 阶段可启动 5G 标准工作项目,Rel-16 及以后将对 5G 标准进行完善增强。我国也已启动 5G 技术研发试验,在 IMT-2020(5G)推进组的组织下,已经完成了第一阶段无线测试规范的制定工作[179]。

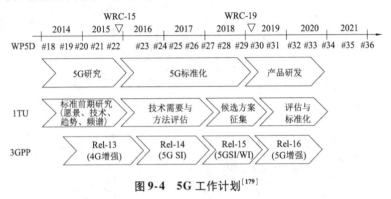

图 9-4　5G 工作计划[179]

9.2　5G 概念

9.2.1　移动通信的演进

信息通信技术的发展正逐渐成为全球经济增长的重要因素,是一个国家发展和工业技术创新能力的重要体现。移动通信技术的快速发展推动网络信息基础设施不断完善,同时也促进移动用户数量和相关产业规模呈现爆炸式增长。截至 2016 年 7 月,中国移动互联网用户数量已经达到 8.72 亿,预计到 2020 年,全球移动通信产业的市场资本总额将达到 1.4 万亿美元[180-181]。移动通信技术的快速发展不仅满足了人们信息交流的需求,也对整个社会发展和国家经济增长起着积极的作用。

自从移动通信诞生,人类对于通信服务的要求就在不断提高。随着科学技术的进步,移动通信经过了迅速的发展。20 世纪 80 年代初,第一代(First-Generation,1G)移动通信系统从最初的单向通信系统 – 无线寻呼系统到双向通信系统,是以频分多址(Frequency Division Multiple Access,FDMA)技术为基础的模拟移动通信系统,其主要功能是进行语音通话。随着大规模集成电路和数字技术的蓬勃发展,第二代(Second-Generation,2G)移动通信系统应运而生。2G 技术基本可被分为两种,一种是基于时分多址(Time Division Multiple Access,TDMA)技术的全球移动通信系统(Global System for Mobile Communication,GSM),另一种是基于码分多址(Code Division Multiple Access,CDMA)技术的窄带 CDMA 系统。第二代移动通信的主要特点是:① 微蜂窝小区结构;② 数字化技术;③ 新的调制方式;④ 便于实现通信安全保密。这些特点使得2G 移动通信系统实现了大规模商用,并很快替代了 1G 移动通信系统成了移动通信的主流。然而 2G 移动通信系统延续了 1G 移动通信系统的一些问题,主要表现为:① 频谱利用率较低;② 不能满足移动通信容量的巨大要求;③ 不能经济的提供高速数据和多媒体业务等。21 世纪初,随着互联网的快速发展,人们对浏览网页、电子邮件、电子商务、电话会议、图像视频观看等服务需求增大,使得通信数据业务量开始呈现指数级的增长。2G 移动通信系统在容量和业务能力方面均不能满足社会的巨大需求,第三代(Third-Generation,3G)移动通信系统应运而生。根据国际电信联盟(InternationalTele-communication Union,ITU)的要求[182],各大电信公司给出了自己的3G 移动通信系统方案,以日本 DoCoMo 公司为首提出宽频码分多址(Wideband Code Division Multiple Access,WCDMA);美国 Lucent、Motorola 等公司提出码分多址(Code Division Multiple Access 2000,CDMA2000);欧洲西门子、阿尔卡特等公司提出时分同步码分多址接入(Time Division – Synchronous Code Division Multiple Access,TD-SCDMA)。国际电信联盟确定 3G 移动通信系统的三大主流无线接口标准分别为:WCDMA、CDMA2000 和 TD-SCDMA。与前两代系统相比[183],3G 移动通信系统的主要特征是可提供移动多媒体业务,其中高速移动环境支持 144 Kb/s,步行慢速移动环境支持 384 Kb/s,室内数据传输支持 2 Mb/s。3G 的设计目标是提供比 2G 移动通信系统更大的系统容量、更好的通信质量,而且要能在全球范围内更好地实现无缝漫游及为用户提供包括话音、数据及多媒体等在内的多种业务,同时也要考虑与已有 2G 移动通信系统的良好的兼容性。中国三大运营商分别采用了三大主流 3G 技术的一种。如中国电信采用的 CDMA2000 覆盖范围为 1 ~ 15 km,上下行峰值速率分别为 1.8 Mbps 和 3.1 Mbps;中国联通采用的 WC-DMA 上下行峰值速率分别为 5.76 Mbps 和 14.4Mbps;中国移动采用的 TD-SCDMA 上下行峰值速率分别为 2.2 Mbps 和2.8 Mbps。然而,要使用不同的 3G 移动网络必须定制不同制式的 3G 手机,这使 3G 移动通信系统的推广陷入了一种窘境,3G 成了一个短暂的过渡期。2012 年 1 月,国际电信联盟在无线电通信全会全体会议上,正式审议通过将长期演进(Long-Term Evolution,LTE)-Advanced 和 Wireless MAN-Advanced(802.16m)技术规范确立为 IMT-Advanced,即 4G 移动通信系统国际标准。4G 移动通信系统采用正交频分复用(Orthogonal Frequency Division Multiplexing,OFDM)和多输入多输出(Multiple – Input Multiple-Output,MIMO)核心技术以 100 Mbps 以上的速度传输数据、高质量音频、视频和图像,比家用宽带非对称数字用户环路快 20 倍[184]。此外,4G 移动通信系统可以在对称数字用户环路和有线电视调制解调器没有覆盖的地方部署,进一步扩展到整个地区。4G 移动通信系统是为移动互联网而设计的通信技术,从网速、容量、稳定性上相比之前的技术都有了跳跃性的提升,传输速度可达 100 Mbit/s,甚至更高[185]。

然而,智能家居、智能交通、远程医疗等各种对移动通信要求日益增加,数据流量出现井喷式的增长。世界各国在推动 4G 移动通信系统商业化部署和运营的同时,已经开始着眼于 5G 移动通信系统架构和关键技术的研究。数据报告显示 2010—2020 期间全球平均移动数据流量比目前增幅将到达 200 倍,我国的流量增速将会高出世界流量增速平均水平 50%,并且 5G 通信系统将更加注重用户体验,需要支持用户在各类场景(超高服务密度、高速运动、偏远地区)和各类业务(超高清视频、云业务、在线网游、社交应用)下的应用,要求为用户提供超低时延、超高速率、安全可靠极佳用户体验的移动无线网络连接服务[186]。

图 9-5 描绘了 1G 到 5G 移动通信的发展演进过程,可以看出移动通信系统的改变莫过于网络速度和带宽方面的提升,其实每一次演进换代都是为了解决当时最主要也是最急迫的通信需求。

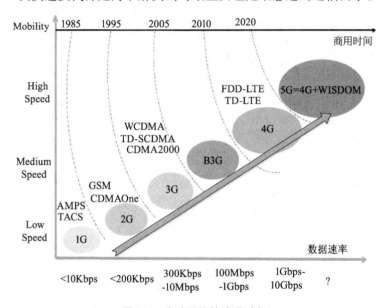

图 9-5　移动通信的演进过程

目前,随着越来越多新业务的不断出现,各个维度的业务需求也在不断提高,并且移动互联网正在向"万物互联"的物联网发展。除了手机音乐、电影视频下载、网页浏览、电子商务、电子书籍、社交网络等为代表的多媒体网络终端外,一些传统行业在移动互联网与物联网的渗入下正发生着深刻的变革。这些行业包括智能驾驶、远程医疗、智能家居、餐饮行业、娱乐业等,随着技术的发展成熟,势必催生海量设备的网络连接需求,数以亿计的智慧终端将接入网络,相互交互信息,使得业务和应用更加的多样化和多元化。移动互联网和物联网是未来移动通信发展的两大驱动力,以人为中心的通信与以机器为中心的通信将相互共存,相互融合,这将给移动通信系统带来前所未有的挑战。根据移动通信的发展路线,5G 移动通信系统力争在 2020 年左右实现关键技术突破和试商用,使无线通信网络朝着多元化、宽带化、综合化、智能化的方向演进[187]。

9.2.2 5G 无线关键技术

尽管目前 5G 移动通信系统尚未形成标准,基础理论也不完善,关键技术有待攻克,但公认 5G 移动通信系统的无线核心技术应该包括:① 大规模 MIMO 系统;② 毫米波通信;③ 超密集异构(Ultra Density Heterogeneous,UDH)网络;④ 同时同频全双工(Co-Frequency Co-Time Full Duplex,CCFD)通信;⑤ 认知无线电技术;⑥ 非正交多址接入(Non-Orthogonal Multiple Access,NOMA)技术,具体如图 9-6 所示。

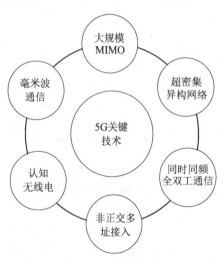

图 9-6 5G 关键技术

1. 大规模 MIMO 系统

大规模 MIMO 的概念是贝尔实验室的 Marzetta 博士于 2009 年提出的,基站配备大量的收发天线,可以同时同频为多个用户提供传输服务。相较于传统的 MIMO,大规模 MIMO 技术存在以下几个方面的优势[179,188-189]:① 由于基站配备了大规模的天线阵列,在传播条件良好的情况下,可以服务更多的用户,支持传输更多的数据流,因此可获得更高的数据传输速率。② 随着发射天线数量的急剧增加,天线的有效孔径增大,可接收到更多的从周围环境中折射或散射过来的路径,因此可以增加接收信号的分集度,大大提高通信的可靠性。③ 巨大的阵列增益使得发射功率大幅降低,并且增强了系统的空间分辨力,使得基站在探知目标用户大致方位的情况下更具指向性地发射信号,功率利用效率大幅提高的同时减轻甚至避免了用户间的干扰。④ 相比于传统的多入多出系统,大规模 MIMO 系统的空间分辨率被极大地提升了,大规模 MIMO 可以在没有基站分裂的条件下实现空间资源的深度挖掘。⑤ 波束赋形技术能够让能量极小的波束集中在一块小型区域,因此能够极大地减少干扰。波束赋形技术可以与小区分裂、小区分簇相结合,并与毫米波高频段共同应用于无线短距离传输系统中,将信号强度集中于特定方向和特定用户群,实现信号的可靠高速传输。⑥相比于单一天线系统,大规模 MIMO 技术能够通过不同的维度(空域、时域、频域、极化域)提升频谱利用效率和能量利用效率。因为这些可实现的优点,大规模 MIMO 技术被认为是 5G 中的一项关键可行技术。

作为一种思维的转变,在重新思考无线通信的理论、系统和实现的过程中,大规模多天线技术是一种结合了通信理论、电磁传播理论等的全新研究领域。为了实现大规模多天线技术,需要克服一系列难题,例如导频污染问题,当小区内采用正交的导频序列、小区间采用相同的导频序列组时,存在导频污染问题。它产生的主要原因是在上行信道估计中,当不同小区的用户使用同一套训练序列或非正交的训练序列时,相邻小区的用户发送的训练序列非正交,导致基站端进行的信道估计并非本地用户和基站之间的信道,而是被其他小区的用户发送的训练序列污染之后的估计。因此,时分双工(Time Division Duplexing,TDD)系统和频分双工(Frequency Division Duplexing,FDD)系统存在着很大差别,由于信道互惠策略,大规模天线技术大都应用于 TDD 系统;同时,导频污染的存在,使上、下行数据传输的信干比(Signal to Interference Ratio,SIR)不能随着基站天线数增加而增加。对于大规模多天线来说,目前的产业实现重在 TDD,往 FDD 发展需要考虑好信道估计、信息回传及干扰控制。为了充分利用潜在的技术优势,需要特殊的实际场景下大规模 MIMO 和测试模型的信道测量工作。同时,信道估计和信道反馈也需要大量研究和调查。另一方面,在基站侧部署大规模 MIMO 技术会带来大量的成本问题,例如大幅度增加的硬件和信号处理开销[190]。在实际场景中,由于设计和完成大规模 MIMO 需要灵活地适应复杂的无线电环境,因此完成大规模 MIMO 系统的搭建是很难的。[179]

总之,大规模 MIMO 技术是一种同时提升系统容量和峰值速率,减少能量消耗和传输时延的潜在可行的关键技术。在现今的实验网络中,常规的多入多出方案已经不能满足日益增长的通信需求,尤其是 4 ~ 128 的天线。在 5G 大规模多天线技术方案中,基站天线数目将极大增长,潜在大规模范围阵列会从 10×10 增至 100×100,甚至更大。时至今日,大规模 MIMO 系统的设计和搭建也面临着上述一系列关键技术问题带来的挑战。[179]

2. 毫米波通信

移动通信传统工作频段主要集中在 6 GHz 以下,这使得频谱资源十分紧张,如何有效缓解频谱资源紧张的现状呢? 如何实现 5G 移动通信系统要求的高峰值速度呢? 众所周知,无线传输增加传输速率一般有两种方法,一是增加频谱利用率,二是增加频谱带宽。毫米波无线通信拥有丰富的可利用频谱资源,可实现吉比特以上的无线通信业务传输速率,被视为提升未来无线通信系统容量及传输速率的有效选择[191]。

毫米波是指波长从 10 mm 至 1 m、频率从 30 GHz 至 300 GHz 的电磁波,利用毫米波频段的潜在大带宽(30～300 GHz)可提供更高的数据速率,以 28 GHz 频段为例,其可用频谱带宽达到了 1 GHz,而 60 GHz 频段每个信道的可用信号带宽则为 2 GHz。波长短、频带宽的毫米波通信可以有效地解决高速宽带无线接入面临的许多问题,且有着广泛的短距离通信应用前景。

然而受制于毫米波传播特性,毫米波通信系统需要采用大规模阵列天线通信技术(如波束成形和定向传输)来弥补严重的空中传播路径损失,同时,采用数模混合大规模天线阵列实现空分复用、阵列增益,以及更高的无线传输速率。若要真正有效地应用毫米波通信技术,人们需要解决一些关键技术与实现挑战问题[191],具体包括如下几方面:① 建立毫米波通信链路方面,面对 5G 用户终端对无线通信系统的各种极高的需求,如何有效设计高效的兼容覆盖与传输质量的同步波束训练、移动用户接入波束训练成为无线通信研究的重点方向。② 校准毫米波动态波束方面,在移动环境下,收发机的位置变化极大地影响波束链路的信号强度,甚至出现波束无法覆盖接收端的现象。因此,对支持适应 5G 增强型移动宽带应用场景的高效速率自适应及动态波束跟踪切换研究,成为极需要解决的毫米波通信关键技术。③ 就毫米波多用户通信方面,针对通信终端密集区域,多用户通信是提升系统容量的有效方法,如何充分利用多用户通信技术是进一步提升毫米波通信容量的关键。④ 就信道状态信息获取方面,如何有效地设计大规模天线系统的信道,以获取需要的训练序列及估计信道状态信息也是一个挑战性问题。⑤ 就高效基带信号处理技术方面,毫米波通信系统基带信号处理面临着单位时间内需要处理海量数据的问题,特别是针对数模混合天线系统架构,其基带采样数据量将更加不可估量。因此,面对毫秒级低时延的未来无线通信系统要求,如何设计高效的基带信号处理算法是毫米波基带信号处理需要研究解决的关键问题。

3. 超密集异构网络

为满足 5G 移动通信系统的需求,需要对现有小区架构进行大的改动。据统计,无线用户在室内的时间占 80%,而室外只占 20%,室内语音业务和室内数据业务的概率分别为 1/2 和 2/3,大多数小区覆盖都存在室内覆盖信号差的情况。据预计,2020 年 5G 系统将是多种无线接入技术共存,宏基站与小基站(Small Cells, SC)分别承担基础覆盖与热点覆盖,站点部署密度超过现有密度的十倍以上。超密集异构网络通过部署高密度的低功率节点进行频谱复用,可以有效提升单位面积的频谱效率;并且低功率节点在小区缩小后的基础上更进一步地缩短了用户的传输链路,提高了能量效率;低功率节点部署在室内、业务热点、小区边缘等宏基站信号覆盖弱的区域,可为用户提供高质量的通信服务,有效提高系统容量。因此,高密度低功率节点的超密集异构网络是业界公认的核心技术与趋势之一。

超密集组网通过增加基站部署密度,可实现频率复用效率的巨大提升,但考虑到频率干扰、站址资源和部署成本,超密集组网可在局部热点区域实现容量百倍提升。干扰管理与抑制、小区虚拟化技术、接入与回传联合设计等是超密集组网的重要研究方向。在 5G 移动通信网络中,网络中的干扰主要有同频干扰、共享频谱资源干扰和不同覆盖层次间的干扰等。现有通信系统的干扰协调算法只能解决单个干扰源问题,而在 5G 网络中,相邻节点的传输损耗一般差别不大,这将导致多个干扰源强度相近,进一步恶化网络性能,使得现有协调算法难以应对。此外,由于业务和用户对 QoS 需求的差异性很大,5G 网络需要采用一系列措施来保障系统性能,主要有:不同业务在网络中的实现,各种节点间的协调方案,网络的选择,以及节能配置方法等[192]。

准确有效地感知相邻节点是实现大规模节点协作的前提条件。在超密集网络中,密集的部署使得小区边界数量剧增,加之形状的不规则,导致频繁复杂的切换。为了满足移动性需求,势必出现新的切换算法;另外,网络动态部署技术[193]也是研究的重点。

用户部署的大量节点的开启和关闭具有突发性和随机性，使得网络拓扑和干扰具有大范围动态变化特性；而各小站中较少的服务用户数也容易导致业务的空间和时间分布出现剧烈的动态变化[192]。

4. 同时同频全双工通信

全双工(Full Duplex，FD)通信技术指同时、同频进行双向通信的技术，因此也被称为同时同频全双工技术(Co-frequency Co-time Fullduplex，CCFD)，被认为是下一代移动通信(5G)关键空中接口技术之一。现有的无线通信系统中，由于技术条件的限制，不能实现同时同频的双向通信，双向链路都是通过时间或频率进行区分的，对应于时分双工 TDD 和频分双工 FDD 方式。由于不能进行同时、同频双向通信，理论上浪费了一半的无线资源(频率和时间)。而同时同频全双工通信 CCFD 是无线通信设备使用同一时间、同一频段发射和接收信号，与传统的 TDD 和 FDD 方式相比，无线通信链路的频谱效率提高了一倍，同时还能有效降低端到端的传输时延，减小信令开销。因此，同时同频全双工技术吸引了业界的注意力。

当全双工技术采用收发独立的天线时，由于接收和发送信号之间的功率差异非常大，导致严重的自干扰，实现全双工技术应用的首要问题是自干扰的抵消。从目前自干扰消除的研究成果来看，全双工系统主要采用物理层干扰消除的方法。但是研究中的实验系统基本上是单基站、少天线和小带宽，并且干扰模型较为简单，对多小区、多天线、大带宽和复杂干扰模型下的全双工系统缺乏深入的理论分析和系统的实验验证。因此，在多小区、多天线、大带宽和复杂干扰模型等背景下，更加实用的自干扰消除技术需要进一步深入研究。

目前，关于全双工技术的研究，除了自干扰消除技术外还包括很多其他方面的内容，例如：将全双工技术应用于异构网络中，解决无线回传问题[194]；将全双工技术同中继技术相结合，能够解决当前网络中隐藏终端问题、拥塞导致吞吐量损失问题及端到端延时问题[195];将全双工中继与 MIMO 技术结合,联合波束赋形的最优化技术,提高系统端到端的性能和抗干扰能力[196];将全双工技术应用于 CRNs 中,使次要节点能够同时感知与使用空闲频谱,减少次要节点之间的碰撞,提高认知无线网的性能[197]。

为了使全双工技术在未来的无线网络中得到广泛的实际应用,对于全双工的研究,仍有很多工作需要完成,不仅需要不断深入地研究全双工技术的自干扰消除问题,还需要更加全面地思考全双工技术所面临的机遇和挑战。

5. 认知无线电技术

认知无线电技术 CR 的最大特点就是在不对主用户产生干扰的前提下,能够充分复用授权给主用户的高动态变化的空闲授权频谱。认知无线电是一种可以自动感知外界通信环境的智能通信技术,它能够通过对周围环境的理解与学习,实时调整通信网络内部的参数配置,智能地适应周围环境的变化。认知无线电技术展示了未来复杂网络频谱智能管理与共享的新方向,它试图将人工智能相关技术引入到复杂动态网络中,使网络具有自管理、自学习、自优化的能力,从而真正实现网络的可控制、可管理、可信任;同时认知无线电技术更加注重应用端到端的目标,能明显改善网络服务质量和用户的业务体验。

认知无线电技术除了具有频谱感知的功能之外,还具有情境感知功能,可使未来 5G 网络主动、智能、及时地向用户推送所需的信息,而不是由用户主动向移动互联网发起信息请求,然后由用户在信息的"海洋"中艰难地查找自己所需要的信息内容。

关于认知无线电与认知网络关键技术在第 1 章已经详细介绍,本节不再详述。

6. 非正交多址接入技术

非正交多址接入技术(NOMA)可以利用不同的路径损耗的差异来对多路发射信号进行叠加,从而提高信号增益。在非正交多址接入中,发送端会采用功率复用技术对不同的用户进行功率分配。信道增益高的用户会少分配一些功率资源,而信道增益低的用户会多分配一些功率资源。到达接收端后,每个用户的信号功率会不一样,连续干扰消除(Successive Interference Cancelation,SIC)接收机根据用户的信号功率进行排序,依次对不同的进行解调,同时达到区分用户的目的。非正交多址接入技术的最大优点是无须知道每个用户的信道状态信息(Channel State Information,CSI),从而有望在高速移动场景下获得更好的性能,并能组建更好的移动节点回程链路。

　　综上所述,以上关键核心技术在无线资源利用率、频谱利用率、功率效率、宽带扩展、网络覆盖性能,以及系统可靠性等多重方向上解决无线移动通信业务流量"10 年 1 000 倍"的基本需求,而认知无线电技术在频谱效率、功率效率、网络分布及系统可靠性等方向上具有显著优势,使得其成为 5G 移动通信系统中最有潜力和前景的无线传输技术之一,引起了学术界和工业界的广泛关注。

9.2.3　5G 网络关键技术

　　5G 技术创新除主要来源于无线技术领域外,还来源于网络技术领域。基于软件定义网络(Software Defined Network,SDN)和网络功能虚拟化(Network Functions Virtualization,NFV)的新型网络架构已取得广泛共识。此外,基于滤波的正交频分复用(Filtered - Orthogonal Frequency Multiplexing,F-OFDM)、滤波器组多载波(Filter Bank MultiCarrier,FBMC)、终端直通(Device-to-Device,D2D)、多元低密度奇偶检验(Q-ary Low Density Parity Check,Q - ary LDPC)码、网络编码、极化码等也被认为是 5G 重要的潜在无线关键技术。下面对上述网络关键技术分别进行介绍。

　　1. 软件定义网络 SDN

　　未来 5G 网络是一个多元复杂异构网络,在相当长一段时间会共存在着诸如 LTE、Wimax、UMTS、WLAN 等异构无线网络。而现有移动网络采用了垂直架构的设计模式,使得异构无线网络面临难以互通、资源优化困难、无线资源浪费的主要挑战。此外,网络中单一网络特性对多种服务的一对多模型,无法针对不同服务的特点提供定制的网络保障[198],降低了网络服务质量和用户体验。

因此,在无线网络中引入软件无线电的思想将打破现有无线网络的封闭僵化现象,彻底改变无线网络的困境。

软件定义无线网络保留了 SDN 的核心思想,即将控制平面从分布式网络设备中解耦,实现逻辑上的网络集中控制,数据转发规则由集中控制器统一下发。控制与转发分离的思想不仅简化了网络设备,还为设备提供了可编程性,使得异构网络之间的互通更加容易。在软件定义无线网络中,控制平面可以获取、更新、预测全网信息,如用户属性、动态网络需求及实时网络状态。因此,控制平面能很好地优化和调整资源分配、转发策略、流表管理等,简化了网络管理,加快了业务创新的步伐。此外,软件定义无线网络对网络功能进行抽象并提供开放的 API,服务供商利用这些开放的 API 为用户提供大量定制的服务应用。同时,软件定义无线网络能指导终端用户接入更好的网络。目前,软件定义无线网络的研究处于初期阶段,大部分的工作聚焦于架构设计[192]。

软件定义无线网络的提出给无线网络领域带来崭新的发展前景,但是软件定义无线网络架构中南北向接口尚未形成统一的标准。在未来 5G 网络中,传统网络将与软件定义无线网络长期共存,如何解决异构网络之间的兼容性问题,如何规范编程接口,如何发现灵活有效的控制策略都是软件定义无线网络面临的挑战。

2. 基于云的无线接入网

基于云的无线接入网(Cloud-Radio Access Networks, C-RAN)是根据现网条件和技术进步的趋势,提出的新型无线接入网构架。C-RAN 是基于集中化处理(Centralized Processing)、协作式无线电(Collaborative Radio)和实时云计算构架(Real-time Cloud Infrastructure)的绿色无线接入网构架(Clean system)。其本质是通过实现减少基站机房数量,减少能耗,采用协作化、虚拟化技术,实现资源共享和动态调度,提高频谱效率,以达到低成本、高带宽和高灵活度的运营[199]。

C-RAN 架构主要由 3 个部分组成:① 远端无线射频单元(RRH)和天线组成的分布式无线网络;② 高带宽低延迟的光传输

网络连接远端无线射频单元;③ 高性能处理器和实时虚拟技术组成的集中式基带处理池(BBU pool)。分布式的远端无线射频单元提供了一个高容量广覆盖的无线网络。高带宽低延迟的光传输网络需要将所有的基带处理单元和远端射频单元之间连接起来。基带池由高性能处理器构成,通过实时虚拟技术连接在一起,集合成异常强大的处理能力来为每个虚拟基站提供所需的处理性能[179,205]。集中化的 BBU 池可以使 BBU 高效的利用,从而减少调度与运行的消耗。

C-RAN 主要包括四个方面优点:C-RAN 适应非均匀流量;能量和成本节约;增加吞吐量,减少延迟;缓解网络升级和维护。但也面临一些挑战,例如:如何实现低成本、高带宽、低延迟的光传输网络;动态无线资源分配和协作式无线处理;将云计算应用于虚拟化技术等。

3. 移动边缘内容与计算

5G 的移动内容云化有两个趋势:从传统的中心云到边缘云(即移动边缘计算),再到移动设备云[201]。

智能终端和应用的普及,使得移动数据业务的需求越来越大,内容越来越多。为了加快网络访问速度,需要将内容存储和分发能力下沉到无线接入网中,基于对用户的感知,按需智能推送内容,提升用户体验。因此,在无线网络中采用内容分发网络(Content Delivery Network,CDN)技术成为自然的选择,即无线基站增加计算与存储能力,构成了分布式 CDN,就是移动边缘内容与计算(MECC)。MECC 还可以开放实时的无线网络信息,为移动用户提供个性化、上下文相关的体验。MECC 适合应用于新兴的智能应用,如增强现实、移动办公、智能家居、物联网和移动游戏等。

在移动社交网络中,通常流行内容会得到在较近距离范围内的大量移动用户的共同关注。同时,由于技术进步,移动设备成为可以提供剩余能力(计算、存储和上下文等)的"资源",可以是云的一部分,即形成池化的虚拟资源,从而构成移动设备云。

4. D2D 通信

未来 5G 网络容量、频谱效率需要显著提升,更丰富的通信模式及终端用户体验也是 5G 的演进方向。终端直通通信(device-to-device communication,D2D)具有潜在的提升系统性能、增强用户体验、减轻基站压力、提高频谱利用率的前景[202-203]。因此,D2D 是未来 5G 网络通信的关键技术之一。

D2D 通信是一种在蜂窝系统的控制下,两近邻终端用户信息直接传输的新技术。D2D 不需要通过基站转发,直接在终端之间进行信息交互,而相关的控制信令,如会话的发现与建立、资源分配、功率控制、干扰协调,以及计费、鉴权、识别、移动性管理等仍由蜂窝网络负责。蜂窝网络引入 D2D 通信,可以减轻基站负担,降低端到端的传输时延,提升频谱效率,降低终端发射功率[204]。当无线通信基础设施损坏,或者在无线网络的覆盖盲区,终端可借助 D2D 实现端到端通信甚至接入蜂窝网络。在未来 5G 网络中,无论是授权频段还是非授权频段都可以部署 D2D 通信以分享频谱资源,与认知无线电技术相比,D2D 通信不需要感知主网络的接收机。

未来 5G 网络引入 D2D 通信在带来利益的同时,也面临着一些待解决的新难题。例如:如何充分合理在 D2D 通信与蜂窝通信模式的最优选择及通信模式间进行灵活切换,提升通信的 QoS 和用户的 QoE,合理分配系统资源,避免用户间干扰;在多蜂窝网络环境下 D2D 设备如何发现并建立会话、发现设备间是否存在竞争、如果有竞争如何协调、如何通过资源配置协调管理干扰并满足该种情况下的 QoS 需求等问题;在移动环境下,如何在传统通信方式与 D2D 方式间进行模式选择与数据分流;如何建立大规格网络的 D2D 通信;如何根据用户需求和服务类型满足设备之间通信的实时性和可靠性等[205-206],上述问题都存在大量的技术难点需要攻克,值得深入研究。

5. M2M 通信

机器到机器的通信(Machine to Machine,M2M)广义的定义主要是指机器对机器、人与机器,以及移动网络和机器之间的通信,它涵盖了所有实现人、机器、系统之间通信的技术;狭义的定义仅仅指机器与机器之间的通信。智能化、交互式是 M2M 有别于其他应用的典型特征,这一特征下的机器也被赋予了更多的"智慧"。

M2M 作为物联网在现阶段最常见的应用形式,在智能电网、安全监测、城市信息化、环境监测等领域实现了商业化应用。3GPP 已经针对 M2M 网络制定了一些标准,并已立项开始研究 M2M 关键技术。根据美国咨询机构 Forrester 的预测,到 2020 年,全球物与物之间的通信将是人与人之间通信的 30 倍[207]。IDC 预测,2020 年将有 500 亿台 M2M 设备活跃在全球移动网络中。M2M 市场蕴藏着巨大的商机。因此,研究 M2M 技术对 5G 网络具有重要意义。

随着 M2M 终端、M2M 业务的不断涌入,未来 5G 网络将面临前所未有的挑战。由海量 M2M 终端接入引起的无线网络过载和拥塞,将会影响用户的 QoS,严重时甚至会导致用户无法接入网络等问题。因此,需要研究自适应负荷控制机制以有效解决 M2M 通信带来的网络拥塞问题。此外,M2M 通信中存在着大量的小信息量数据包,导致网络传输效率较低,因此在无法充电的情况下,延长 M2M 终端的续航时间将是未来 5G 网络面临的重要难题[192]。

9.3　5G 频谱研究动态

为满足未来 5G 愿景,全球业界对 5G 频率构架基本趋同:将涵盖高、中、低全频段的频谱资源。高频段一般指 6 GHz 以上的频段,连续大带宽可满足热点区域极高的用户体验速率和系统容量需求,但是其覆盖能力较弱,难以实现全网覆盖,因此需要与 6 GHz 以下的中、低频段联合组网,以高频和低频相互补充的方式来解决网络连续覆盖的需求[208-209]。

9.3.1　5G 频谱国内外研究现状

全球 5G 频率规划工作主要在 ITU 等国际标准化组织的框架下开展。2019 年世界无线电通信大会(WRC-19),准备新设立

1. 13 议题[210]，欲审议在 6 GHz ~ 100 GHz 高频段为国际移动通信（International Mobile Telecommunication, IMT）系统寻求新的可用频谱资源。在 24. 25 GHz ~86 GHz 频率范围开展 IMT 地面部分的频谱需求，并在 8 个已有移动业务为主要划分的频段 24. 25 GHz ~ 27. 5 GHz、37 GHz ~ 40. 5 GHz、42. 5 GHz ~ 43. 5 GHz、45. 5 GHz ~ 47 GHz、47. 2 GHz ~ 50. 2 GHz、50. 4 GHz ~ 52. 6 GHz、66 GHz ~ 76 GHz，3 个尚未划分给移动业务使用频段 31. 8 GHz ~ 33. 4 GHz、40. 5 GHz ~ 42. 5 GHz、47 GHz ~47. 2 GHz 开展共存研究。

对于低频段，2015 年无线电通信全会（RA-15）批准"IMT-2020"作为 5G 正式名称，被纳入原 IMT-2000（3G）和 IMT-A（4G）组成的 IMT 家族系列。这标志着在国际电联《无线电规则》[211]中现有标注给 IMT 系统使用的频段，均可考虑作为 5G 系统的中低频段；同时，WRC-15 大会通过相关决议将 470 MHz ~ 694/698 MHz、472 MHz ~ 1 518 MHz、3 300 MHz ~ 3 400 MHz、3 400 MHz ~ 3 600 MHz、3 600 MHz ~ 3 700 MHz、4 800 MHz ~ 4 990 MHz 频段或其部分频段，供有意部署 IMT 系统的主管部门使用。

部分 ITU 尚未考虑的频段，各国也可根据自身频率划分和使用现状将其纳入 5G 用频范畴。近期，FCC[212]通过了将 24 GHz 以上频谱规划用于无线宽带业务的法令，包括 27. 5 GHz ~ 28. 35 GHz、37 GHz ~ 38. 6 GHz 和 38. 6 GHz ~ 40 GHz 频段共计 3. 85 GHz 带宽的授权频率，以及 64 GHz ~71 GHz 共计 7 GHz 带宽的免授权频率。2016 年 9 月，欧盟委员会正式发布了 5G 行动计划《5Gfor Europe：An Action Plan》[213]，表示将于 2016 年年底前为 5G 测试提供 1 GHz 以下、1 GHz ~6 GHz 和 6 GHz 以上频段的临时频率，并将于 2017 年年底前确定 6 GHz 以下的 5G 频率规划和毫米波的频率划分，以支持高低频融合的 5G 网络部署。2016 年 11 月，欧盟委员会无线电频谱政策组（RSPG）正式发布 5G 频谱战略[214]，明确 24. 25 GHz ~27. 5 GHz、3. 4 GHz ~ 3. 8 GHz、700 MHz 频段作为欧洲 5G 初期部署的高中低优先频段。在亚洲地区，韩国计划 2018 年平昌冬奥会期间，在 26. 5 GHz ~ 29. 5 GHz 频段部署

5G 试验网络,同时考虑 C 频段等频率资源;日本总务省(MIC) 发布了 5G 频谱策略,计划 2020 年东京奥运会之前实现 5G 网络正式商用,重点考虑规划 3. 6 GHz ~ 4. 2 GHz、4. 4 GHz ~ 4. 9 GHz、27. 5 GHz ~ 29. 5 GHz 等频段[209]。

2016 年 7 月,我国发布了《国家信息化发展战略纲要》[215],要求"协调频谱资源配置,科学规划无线电频谱,提升资源利用效率",并明确将频率作为国家信息化发展的重要基础设施,强调要积极开展 5G 技术研发、标准和产业化布局,并在 2025 年建成国际领先的移动通信网络。2016 年 11 月,中国在第二届全球 5G 大会上陈述了 5G 频率规划思路,涵盖高中低频段所有潜在频率资源。具体而言,2016 年年初批复了 3 400 MHz ~ 3 600 MHz 频段用于 5G 技术试验,并依托《中华人民共和国无线电频率划分规定》修订工作,积极协调 3. 3 GHz ~ 3. 4 GHz、4. 4 GHz ~ 4. 5 GHz、4. 8 GHz ~ 4. 99 GHz 频段用于 IMT 系统,并于 2017 年 6 月 6 日就 3. 300 GHz ~ 3. 6 GHz、4. 8 GHz ~ 5. 0 GHz 频段的频率规划公开征求意见,6 月 8 日就 24. 75 GHz ~ 27. 5 GHz、37 GHz ~ 42. 5 GHz 或其他毫米波频段的高频率规划公开征求意见[209]。而于 2017 年 7 月批复新增 3 个 5G 实验频段:4. 8 GHz ~ 5. 0 GHz,24. 75 GHz ~ 27. 5 GHz、37 GHz ~ 42. 5 GHz 频段。针对物联网的应用,允许 5 905 GHz ~ 5 925 MHz 频段用于 LTE-V 试验,确定了窄带物联网(Narrow Band-Internet of Things, NB-IoT) 的用频,将其为未来 5G 物联网应用提供先导示范。

9.3.2　5G 频谱共享国内外研究现状

频谱共享是更广义的频谱使用技术,包括异构系统间、多无线接入技术 RAT 间、系统内小区间和不同制式间等的频谱共享。共享者之间可以对频谱具有相同占用等级或者不同占用等级。在频谱共享技术中,可以利用认知无线电技术进行频谱探测,也可以通过对频谱数据库的查询来获取可用频谱资源,继而进行高效的频谱管理,使得频谱资源在共享者之间得到最大化的利用率。

频谱共享始于 2001 年,英国 Surrey 大学 Paul Leaves 等最早提出动态频谱分配概念。自 2002 年,FCC、IEEE 802.22 工作组、欧盟第七框架计划(Framework Program 7,FP7),以及弗吉尼亚工学院等都致力于研究用认知无线电技术实现空闲频谱的"二次"充分利用。2011 年,FCC 将 3.5 GHz ~ 3.6 GHz 频段确认为优先共享频段,并制定相应的频谱共享监管框架,以促成其实现频谱共享。2012 年,欧盟委员会推出共享免执照的频段,以及能使用电视频道间的白(空闲)频谱的频谱共享计划。同年,欧盟成立 METIS 2020 项目组,负责推进 5G 中的频谱共享研究。2013 年,欧盟在《促进境内市场无线电频谱资源共享》报告中研究了推动频谱共享计划的挑战和问题,进一步出台了批准企业间共享无线频谱资源的政策。同年,诺基亚西门子通信公司主导的现场 TD-LTE 试验中,证明授权共享接入(Authorized Shared Access,ASA)技术可通过动态访问空闲的授权频谱,为未来 5G 网络奠定坚实基础。2014 年,美国政府在部分城市开展频谱共享试点计划,推广三层频谱接入机制;同时,欧盟通过定义"有益共享机会"确立了 ASA 的基本框架。2015 年,LTE-U 论坛发布了首个关于应用 5 GHz 非授权频谱的技术规范,包括与 WiFi 技术的共存规范。同年,诺基亚通信与T-Mobile共同研发授权辅助接入(License Assisted Access,LAA)解决方案,并预计在 2016 年成为 3GPP 产业标准[216]。

目前,我国国家通信标准化协会和"863"计划"973"计划等多个国家重大专项课题都在积极探讨无线通信系统之间的频谱共享方案,如 694 MHz ~ 806 MHz 广播系统、2.3 GHz ~ 2.4GHz 雷达系统和 5G 移动通信系统等。中国信息通信研究院正在研究 TD-LTE 系统实现分时频谱共享的方式[217]。国家无线电监测中心对我国频谱高速公路战略进行了研究,指出频谱共享有利于推动技术创新和产业进步。此外,我国已提出在一定频段内感知和分配频谱的技术,多个大学研究机构也对认知无线电、动态频谱分配技术做了相关研究[216]。

总之,频谱作为未来 5G 网络发展的基础资源,需要深耕细作,全面评估频谱需求,利用新技术(如认知无线技术)提高频谱效率和拓展新的频谱资源(如毫米波)是缓解当前频谱供需矛盾最重要的两种途径。

9.4　基于 CR 的 5G

传统通信网络系统接入网与核心网独立分开,其集中式的通信方式不能满足日益增长的用户需求。未来 5G 通信系统需要一个更加紧密一体化的网络结构,而 CR 技术成为网络一体化的有效工具。本书的核心思想是将 CR 技术作为一个模块来构建一体化的 5G 网络结构。下面详细介绍 CR 技术将给未来 5G 网络带来的优点和可实现的功能。

9.4.1　5G 与 CR 的相似性

根据前面章节所述 5G 与 CR 的概念可知,5G 与 CR 技术具有下列相似性:

(1)异构性:在不同网络/系统间工作。

(2)自适应性:5G 根据接入网的特性自适应,CR 依据主用户网络特性自适应。

(3)新的、可容性协议。

(4)先进的 PHY 层和 MAC 层技术。

(5)智能的终端:能感知周围环境,智能的判决能力。

(6)资源管理:端到端的综合资源管理。

(7)安全性:新技术面对新的安全挑战。

简言之,5G 的目标是实现各种通信技术的互联互通或融合,而 CR 的功能是自动融入多元化的无线世界。也可以说,5G 产生一个融合的概念,而 CR 是执行融合的技术工具。

9.4.2　5G 终端是 CR 终端

移动射频终端与移动电信标准有类似平行的演进过程,可通过修改与完善每个新增功能和服务实现,如:微处理器控制的模拟无线电(语音);数字无线电(语音和数据——SMS);软件定义无线电——SDR(多媒体);认知无线电——CR 支持现存的所有应用与服务,可接入所有无线技术与系统,并具有知识、推理与判决能力,其演进过程如图 9-7 所示[218]。

根据定义,CR 终端是一个智能终端,在某一时间,能够根据需求选择合适的网络接入,以利用所选网络资源。它除了具有传统射频终端的特性外,还支持所有数据类型及其 QoS 需求,自适应数据传输速率,即具有知识、推理和决策的特性。同时,在一个灵活、可扩展的网络中,CR 终端必须具有较强的重配置功能,以适时切换 OFDM、直接序列扩频(Direct – Sequence Spread Spectrum,DSSS) 调制解调和 MAC 协议。

5G 终端是一个通用的、智能的终端,能够连接到任一无线网络或系统,同一会话期间可在不同技术间切换,并支持任一数据类型及其 QoS 需求。同时,5G 排除具有特殊技术的射频终端,应设计一个涵盖原来所有射频特性的终端。

CR 终端是 5G 终端的理想选择,CR 技术为 5G 提供了重要的发展方法:① 认知引擎的设计:根据认知循环(第 1 章所述),采用了遗传算法、自适应突变机制、各种生物启发算法、统计学习等不同技术设计;② 先进的 CR 终端执行方式:多相多径射频电路,FP-GA 执行,重配置 FFT 处理器,MIMO 技术;这使得 5G 终端是一个期望的高性能通用终端。

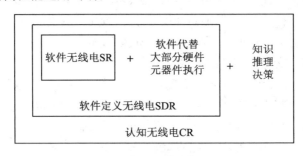

图 9-7　CR 终端演进过程

9.4.3　WISDOM/5G 的最佳实现:CR 技术

(1) CRNs 是 WISDOM/5G 不同系统、结构、技术连接和集成的最佳方法

动态工作的大规模无线创新通信系统 WISDOM/5G,尤其是在其通信接入层,首先能利用现有资源和通信设施使不同系统、结构和技术集成、互连和协作。这与认知无线网络模型相一致,因为 CRNs 是由 CR 节点与已存系统(主用户网络,如 WiMAX,WiFi 等)组成,CR 节点工作在这些已存系统的空闲信道,并且不会影响这些已存系统的正常工作。基于认知网络原则,CRNs 具有自组织和自我修复的特性,而这些特性恰是 5G 网络管理其复杂度、最小化频谱和能量需求所必不可少的。同时,CRNs 具有监督周围环境和自适应的功能,这些也是一个性能良好的 5G 网络所必须具有的功能。

(2) CR 技术可增加 5G 的性能

由于 CRNs 的动态、移动和灵活特性,使其认知性能标量比较复杂。目前,衡量 CR 性能的主要标量包括:

① 干扰:CR 与 PU 及 CR 间的干扰;

② SNR 和 SNIR;

③ 信道质量:时变性,信号弥散性,阴影,路径损耗;

④ 误比特率;

⑤ 端到端传输延时;

⑥ 平均感知时间;

⑦ 吞吐量;

⑧ 感知周期对吞吐量的影响;

⑨ 容量限制;

⑩ 频谱可切换性:频谱切换速率,CR 无缝切换的可能性;

⑪ 覆盖性能:几何覆盖范围(CRNs 中源–目的节点间的最大距离)。

针对上述标量,目前已取得比较丰硕的研究成果(在第 2 ~ 8 章的研究中都有涉及,这里不再详述),研究结果证实:

① CR 是实现不同无线网络/系统互联的最佳技术;

② CRNs 是新型异构网络;

③ CR 终端是 5G 终端的最好选择;

④ CR 提供 OSI 层新的功能,将新的 PHY、MAC 和链路层技术融合进行跨层协作,而不是传统的分层设计,这正是 5G 端到端性能优化所需要的协议;

⑤ CR 技术:具有较强的资源管理、自适应和性能改善方法;

这些优点充分表明了目前 CR 技术是实现 5G/WISDOM 的最佳技术方案。

9.4.4 基于 CR 的 5G 面临挑战

1. 技术间内容共享

为了提供个性化的服务,5G 技术必须获取一些用户的重要信息,如身份、位置和隐私问题。但由于基于 CR 的 5G 网络融合了所有现存网络类型和 CR 技术于一体,5G 要获取所有用户信息,那么不同技术间的内容共享则成了 5G 网络面临的重要挑战。具体地说,如果一个 CR 用户恰好做不同技术间的频率切换,其信息内容该如何从一种技术转换到另一种技术?

由于 CR 技术还没有标准化,目前建议的方案是:对于旧的主用户,每个技术维护其本身的数据库。但对于新用户(CR 用户),必须提供联合数据库,使每个 5G 技术都可存取,这意味着原本旧的通信系统可以存取 CR 用户信息以实现频谱无缝切换。希望在 CR 标准化之后,可以获得一个实时的技术间信息转换方案。

2. CR 内容感知

除了技术间内容共享的挑战之外,CR 为提供一个全面互联,CR 用户间必须相互通信,交换个人信息内容、环境观察、共享优先权等所有类型信息。根据这些信息及 5G 目标,CR 才可做出正确决策。

3. 安全性问题

CR 融入 5G 网络,将会引发新的安全与威胁挑战:

(1) 有害的干扰:当主用户与 CR 用户共同使用同一频带时,CR 用户必须立刻降低其发射功率直至低于干扰门限值,避免对主用户产生干扰;

(2) 自私的行为:CR 用户间以自私的方式利用空闲频谱,而不考虑其他 CR 用户的需求；

（3）授权用户仿冒：恶意无线用户假冒授权用户占用频谱，或欺骗 CR 有偿利用频谱，以谋取利益；

（4）窃听：一个 CR 用户可能知道另一个 CR 与其他用户间的通信信息，违反隐私权；

（5）恶意攻击：不安全的 CR 基站恶意攻击网络，拒绝服务。

因此，CR 技术虽能解决 5G 的主要设计与实现问题，但也面临着许多其他问题需要解决和克服。

9.5 本章小节

随着无线通信网络系统的进一步普及，人们对多媒体等数据业务的需求呈现出爆发式增长。面向 2020 年及未来人类信息社会需求的 5G 宽带移动通信系统将成为一个多业务、多技术融合的网络系统，5G 的目标是通过技术的演进和创新，满足未来广泛的数据业务及连接数的发展需求，并进一步提升用户的体验，同时系统频谱效率和能源效率获得显著提升。针对这些问题，本章主要介绍和讨论了 5G 与 CR 技术的融合问题。首先详细介绍了 5G 演进过程、5G 无线传输与网络关键技术、5G 频谱国内外研究动态、频谱共享研究情况等，然后讨论分析了 5G 与 CR 的相似之处，CR 是 5G 实现的最佳工具的原因，以及 5G 与 CR 融合将面临的问题与挑战。

第 10 章　挑战与展望

伴随着无线移动通信的飞速发展,频谱资源日益紧缺。认知无线电作为有望解决无线频谱资源紧缺难题的技术,目前已成为业界极为关注和研究的热点。认知无线电技术的网络化技术——认知无线网络技术也受到了研究者的高度注意。认知无线网络将认知无线电技术与传统无线网络技术相结合,根据需要在授权频谱和非授权频谱上工作。

10.1　CR 面临的挑战

本书主要在分析未来无线通信网络对于提高频谱资源利用效率需求的基础上,首先,将 CR 技术与无线自组织网络相结合,围绕认知无线网络中的认知无线自组织网络主题展开了深入全面研究。该网络在保持了传统自组织网络的组网快速灵活、可扩展性强、结构健壮、节省功耗等特点的基础上,各个认知节点还具有自学习、自决策能力,因而能够适应无线射频环境的动态变化和网络拓扑的变化,同时还可以提高频谱资源在时、空、频三个维度上的利用率和网络通信的服务质量。因此,认知无线自组织网络的上述典型特征使其在商业、军事、公共安全及抢险救灾等关键领域具有非常广阔的应用前景。

然而,认知无线自组织网络不依赖于集中式基础设施控制的特性及所处射频环境频谱的高动态性和随机性为该技术带来了挑战。因此,如何科学地规划设计认知无线网络路由,提高无线频谱资源的使用效率和传输能力将是认知无线自组织网络应用发展和实际部署的关键技术挑战。

其次,本书的核心思想是将 CR 技术与无线自组织网络相融合进一步拓展到未来 5G 网络系统中应用,将 CR 技术与 5G 网络相融合,以实现 5G 万物互联,随时随地通信的愿景。但是,未来 5G 网络将是一个集成多业务、多技术融合的网络,是一个多层次覆盖的新型通信系统。要将多种接入技术、多种业务网络及多层次覆盖的系统进行综合集成、有机融合,高效利用,就目前技术而言,还有许多需要解决的问题。

在频率资源共享方面,建立多维协同合作的频谱共享机制。频谱共享技术具备跨不同网络或系统的最优动态频谱配置和管理功能,具备智能自主接入网络和网络间切换的自适应性功能,目标是实现高效、动态和灵活的频谱使用,以提升空口效率、系统覆盖层次和密度等,从而提高频谱综合利用效率。目前,频谱共享技术需要研究的关键技术与问题,包括新型网络架构及新增的无线接口设计、频谱检测机制和算法、数据库结构和频谱地图生成与管理、频谱资源的高效管理与分配、支持灵活带宽和工作频点的新型射频和多系统整合带来的安全性技术问题。从工程实现上,对基带算法与器件能力提出了更高要求。另外,频谱共享技术需要国家频谱管理政策的支持,以研究新的经济模型,制定新的使用规则、安全策略等。

在频谱资源预测方面,提出较为完备的精细化频谱预测方法。由于 5G 系统应用呈现出多样化、个性化、差异化的特点,不同的应用场景在频段选择、带宽需求上都有较大差异,若采用 3G/4G 发展阶段仅以总量形式计算频谱需求,则不能合理地反映 5G 频率需求。因此,5G 频谱需求预测需要综合考虑不同频段的电波传播特性、应用需求、产业趋势等因素,针对不同应用场景、不同空中接口,分别估算出可能的带宽需求及适应的工作频段,这将更能真实地反映未来网络的频率需求。

在资源配置方面,由于 5G 不仅满足人和人之间的通信,还将渗透到未来社会的各个领域,特别是在物联网、工业互联网、车联网、移动互联网等方面,形成以用户为中心的全方位信息生态系统。因此,需要立足于《中国制造 2025》、"互联网 +""宽带中国"等国家重大战略,在统筹相关产业需求的基础上开展 5G 频率资源配置工作,为实现制造强国和网络强国提供频率资源支撑和保障。由于 5G 技术频谱资源需求大、频段宽的特性,在频率规划时,需要分阶段统筹高中低频段,逐步释放频率资源,保障 5G 用频需求。

10.2　CR 的发展展望

CR 所具有的认知能力"智慧"将无处不在,并将"嵌入"到未来各种无线设备中,就像人类大脑一样具有"观察—推理—实践—反馈(反思)—学习—再实践—观察—推理…"螺旋式上升的认知过程,实现由场景感知、经验学习、知识到智慧的跨越[225],为未来信息社会提供新的思路。

10.2.1　CR 在 5G 网络中的重要作用

5G 首先要提升其频谱资源利用率,若采用认知无线电技术,在实际应用中,多信道感知的空闲频谱分布可能并不连续,即出现离散的空闲频谱。加之,某些频谱的传输速率并不能满足用户的需求,那么该空闲频谱仍然不能被利用。若采用载波聚合技术,将多个连续或非连续的载波聚合成一个更宽的频谱供用户使用,保证认知用户的传输需求,则能大大提高频谱利用率。

5G 将会通过超密集组网,使用毫微蜂窝、微微蜂窝、微蜂窝基站和中继等小蜂窝来提高用户的服务质量。然而,基于当前传统的频段划分规则,部署小蜂窝会导致更加复杂的干扰。这就需要结合认知无线电技术对用户密度、干扰阈值,以及授权系统传输微小变化的敏感性,设计高效的动态信道选择与功率控制机制,有效地解决用户切换、基站选择与功率和资源分配等问题。

随着未来网络用户数量及业务需求的指数级增加,业务的多样性和接入场景的多元化,无线网络模式越来越复杂,这会形成多种异构无线网络并存的格局。面对这样复杂的网络,应该如何借鉴认知无线电的优势,设计灵活的组网方式、有效的资源调度策略、高效的无缝切换和负载均衡机制等,最大化网络效用从而适应新的不断涌现的业务需求,满足未来异构泛在网络多样性和服务高质量方面的要求,是未来无线网络的研究重点。

10.2.2 认知计算与认知无线通信

CR 的一个重要发展趋势是将机器学习(Machine Learning, ML)与人工智能(Artifitical Intelligence, AI)技术、通信与计算机技术进一步交叉融合,进而改造现有网络与窄带物联网(Narrow Band Internet of Things, NB-IOT),届时 CR 的核心思想将无处不在,并得以实现,更好地服务于人类信息社会,以信息化带动工业化、智能化的发展。

此外,CR 也将从宏观世界(如 CR 设备)的认知发展到微观世界(如射频集成电路)的认知。随着纳米技术和 MEMS 技术的发展进步,具有认知能力的智能天线系统、射频元器件与射频集成电路也将得以实现[219]。

随着 CR 技术的深入研究,新的无线通信设计方法、新的仿真工具、新的认证系统将应运而生。或许在不远的将来,无线通信协议层将增加一层"认知层",该层将通过无线环境图和 CR 知识描述语言给出全面而精准的场景认知,进而便于 CR 进行任务与资源管理和优化配置。

参考文献

[1] Soldani D, Manzalini A. Horizon on Horizon 2020 and Beyond: On the 5G Operating System for a True Digital Society[J]. IEEE Vehicular Technology Magazine, 2015,10(1):32-42.

[2] Wu Y, Chen Y, Tang J, et al. Green transmission technologies for balancing the energy efficiency and spectrum efficiency tradeoff[J]. IEEE Communications Magazine, 2014,52(11):112-120.

[3] 尤肖虎, 潘志文, 高西奇等. 5G 移动通信发展趋势与若干关键技术[J]. 中国科学: 信息科学,2014,44(5):551-563.

[4] Mitola J, Maguire G Q J. Cognitive radio: Making software radios more personal [J]. IEEE Personal Communications Magazine, 1999, 6(4):13-18.

[5] Mitola J. Cognitive radio: An integrated agent architecture for software defined radio [D]. Stockholm, Sweden: RoyalInst. Technol. (KTH), 2000.

[6] Rieser C J. Biologically Inspired Cognitive Radio Engine Model Utilizing Distributed Genetic Algorithms for Secure and Robust Wireless Communications and Networking[D], Virginia Tech. Blacksburg, VA, 2004.

[7] Federal Communication Commission (FCC). Notice of proposed rule making and order[S]. ET Docker No. 03-222,2003.

[8] Brodersen RW, Wolisz A, Cabric D, et al. CORVOS: A cognitive radio approach for usage of virtual unlicensed spectrum[J]. Berkeley Wireless Research Center White Paper,2004.

[9] 饶毓, 曹志刚. 认知无线电技术的标准化进程[C]// 全国无线电应用与管理学术会议. 2009.

[10] IEEE P 1901. 1 TM/D01, IEEE P1900 Working Group [EB/OL]. http://grouper. ieee. org/groups/emc/ emc/1900/ index. html.

[11] HAYKIN S. Cognitive radio: brain-empowered wireless communications [J]. IEEE Journal on Selected Areas Communication, 2005, 23 (2):201 - 220.

[12] Demestichas P, Dimitrakopoulos G, Strassner J, et al. Introducing reconfigurability and cognitive networks concepts in the wireless world[J]. IEEE Vehicular Technology Magazine, 2006,1(2):32 - 39.

[13] Akyildiz I F, Lee W Y, Vuran M C, et al. Next generation dynamic Spectrum access cognitive radio wireless networks: a survey [J]. Computer Networks Journal, 2006, 50(13):2127 - 2159.

[14] Akyildiz I F, Lee W Y, Chowdhury K R. CRAHNs: cognitive radio ad hoc networks[J]. Ad Hoc Networks, 2009, 7:810 - 836.

[15] Mitola J. Cognitive radio architecture evolution[J]. Proceedings of the IEEE, 2009, 97(4):626 - 641.

[16] Mitola J. Cognitive radio architecture evolution: annals of telecommunications[J]. Annals of Telecommunications, 2009, 64 (7):419 - 441.

[17] Thomas R W, DaSilva L A, MacKenzie A B. Cognitive networks[C]//Proc. First IEEE International Symposium on New Frontiers in Dynamic Spectrum Access Networks, DySPAN05, 2005:352 - 360.

[18] Song L, Cognitive networks: standardizing the large scale wireless systems[C]//Proc. 5th IEEE Consumer Communications and Networking, CCNC 2008, 2008:988 - 992.

[19] 桂丽. 认知无线组织网络若干关键技术的研究[D]. 北京邮电大学,2013.

[20] Mansoor N, Islam A K M, Zareei M, et al. Cognitive Radio Ad-Hoc Network Architectures: A Survey[J]. Wireless Personal Communications, 2015,81(3):1117 - 1142.

[21] Haas Z J, Deng J, Liang B, Wireless ad hoc networks[J]. Encyclopedia of Telecommunications, 2000.

[22] Akyildiz I F, Lee W Y, Vuran M C, et al. A survey on spectrum management in cognitive radio networks[J]. IEEE Communication, 2008, 46(4):40 -4.

[23] Akyildiz I F, Lo B F, Balakrishnan R. Cooperative Spectrum Sensing in Cognitive Radio Networks: A Survey[J]. Physical Communication (Elsevier) Journal, 2011, 4(1):40 -62.

[24] Liang Y C, Chen K C, Li Y, et al. Cognitive Radio Networking and Communications: An Overview[J]. IEEE Transactions on Vehicular Technology, 2011, 60(7):3386 - 3407.

[25] Wang B, Liu K J R. Advances in cognitive radio networks: A survey[J]. IEEE Journal of Selected Topics in Signal Processing, 2011, 5(1):5 - 23.

[26] Prawatmuang W, So D K C, Alsusa E. Sequential Cooperative Spectrum Sensing Technique in Time Varying Channel[J]. IEEE Transactions on Wireless Communications, 2014, 13(6):3394 - 3405.

[27] Ghorbel M B, Haewoon N, Alouini M S. Soft Cooperative Spectrum Sensing Performance Under Imperfect and Non Identical Reporting Channels[J]. IEEE Communications Letters, 2015, 19(2): 227 - 230.

[28] Xue D, Ekici E, Vuran M C. Cooperative Spectrum Sensing in Cognitive Radio Networks Using Multidimensional Correlations[J]. IEEE Transactions on Wireless Communications, 2014, 13(4):1832 - 1843.

[29] Lee W, Cho D. Improved Cooperative Spectrum Sensing in Multiple Stages for Low-Power Primary Users[J]. IEEE Wireless Com-

munications Letters, 2013, 2(3):287 -290.

[30] Treeumnuk D, Popescu D C. Using hidden Markov models to evaluate performance of cooperative spectrum sensing[J]. IET Communications, 2013, 7(17):1969 - 1973.

[31] Rossi P S, Ciuonzo D, Gianmarco R. Orthogonality and Cooperation in Collaborative Spectrum Sensing through MIMO Decision Fusion[J]. IEEE Transactions on Wireless Communications, 2013, 12 (11):5826 - 5836.

[32] Lee D. Adaptive Random Access for Cooperative Spectrum Sensing in Cognitive Radio Networks[J]. IEEE Transactions on Wireless Communications, 2015, 14(2): 831 -840.

[33] Reisi N, Gazor S, Ahmadian M. Distributed Cooperative Spectrum Sensing in Mixture of Large and Small Scale Fading Channels [J]. IEEE Transactions on Wireless Communications, 2013, 12 (11):5406 - 5412.

[34] Aysal T C, Kandeepan S, Piesiewicz R. Cooperative spectrum sensing with noisy hard decision transmissions[C] // Proc. IEEE ICC 2009.

[35] Ma J, Li Y. Soft combination and detection for cooperative spectrum sensing in cognitive radio networks[J]. IEEE Transactions on Wireless Communications,2007,7(11) :3139 -3143.

[36] Shen B, Kyung S K. Soft combination schemes for cooperative spectrum sensing in cognitive radio networks[J]. ETRI Journal, 2009,31(3):263 -270.

[37] Laneman J N, Tse D N C. Cooperative diversity in wireless networks: Efficient protocols and outage behavior[J]. IEEE Transactions on Information. Theory, 2004, 50(12):3062 - 3080.

[38] Ganesan G, Li Y. Agility improvement through cooperative diversity in cognitive radio network[C] // IEEE GLOBECOM 2005. St Louis, Missouri, USA, 2005. Berlin: IEEE Press, 2005:2505 -

2509.

[39] Ganesan G, Li Y. Cooperative spectrum sensing in cognitive radio networks [C] // IEEE DySPAN 2005. New York: IEEE, 2005:137 - 143.

[40] Ganesan G, Li Y. Cooperative spectrum sensing in cognitive radio: Part I: Two user networks [J]. IEEE Transactions. Wireless Communications 2007, 6(6): 2204 - 2213.

[41] Ganesan G, Li Y. Cooperative spectrum sensing in cognitive radio-part II: Multi-user networks [J]. IEEE Transactions. Wireless Communications 2007, 6(6): 2214 - 2222.

[42] Chunhua S, Wei Z, Khaled B L. Cluster-based cooperative spectrum sensing in cognitive radio system [C] // ICC2007 :2511 - 2515.

[43] Chunmei Q, Jun W, Shaoqian L. Weighted-clustering cooperative spectrum sensing in cognitive radio context [C] // International Conference on Communications and Mobile Computing, IEEE Compater Society, 2009:102 - 106.

[44] Li Q, Feng Z, Li W, et al. Joint temporal and spatial spectrum sharing in cognitive radio networks: A region-based approach with cooperative spectrum sensing [C] // IEEE Wireless Communications and Networking Conference (WCNC), 2013.

[45] Hoang A T, Liang Y, Islam M H. Power Control and Channel Allocation in Cognitive Radio Networks with Primary Users' Cooperation [J]. IEEE Transactions on Mobile Computing, 2010, 9 (3): 348 - 360.

[46] Aripin N M, Rashid R A, Fisal N, et al. Joint resource allocation and sensing scheduling for cognitive ultra wideband [C] // 2010 Australasian Telecommunication Networks and Applications conference, 2010: 66 - 71.

[47] 崔翠梅, 汪一鸣, 朱洪波. 一种基于跨层设计的双次协

同频谱感知技术[J]. 电波科学学报, 2013,28(4):722 – 729.

[48] Pan M, Zhang C, Li P, et al. Spectrum Harvesting and Sharing in Multi-Hop CRNs under Uncertain Spectrum Supply [J]. IEEE Journal on Selected Areas in Communications, 2011, 30 (2): 369 – 378.

[49] Xue D, Ekici E. Cross-Layer Scheduling for Cooperative Multi-Hop Cognitive Radio Networks[J]. IEEE Journal on Selected Areas in Communications, 2013, 31(3): 534 – 543.

[50] Ding L, Melodia T, Batalama S N, et al. Cross-Layer Routing and Dynamic Spectrum Allocation in Cognitive Radio Ad hoc Networks[J]. IEEE Transactions on Vehicular Technology, 2010, 59(4): 1969 – 1979.

[51] 党建武, 李翠然, 谢健骊. 认知无线电技术与应用[M]. 清华大学出版社, 2012.

[52] 赵建立. 认知无线电关键技术研究[D], 华北电力大学, 2014.

[53] Al-Rawi H A, Yau K-LA. Routing in distributed cognitive radio networks: a survey [J]. Wireless Personal Communications, 2013, 69 (4): 1983 – 2020.

[54] Huang X L, Wang G, Hu F, et al. Stability-capacity-adaptive routing for high-mobility multihop cognitive radio networks[J]. IEEE Transactions on Vehicular Technology, 2011, 60(6): 2714 – 2729.

[55] Ma H, Zheng L, Ma X, et al. Spectrum aware routing for multi-hop cognitive radio networks with a single transceiver[C] // The 3rd international conference on cognitive radio oriented wireless networks and communications (CROWNCOM), 2008:1 – 6.

[56] Xie L, Xi J. A QoS routing algorithm for group communications in cognitive radio ad hoc networks[C] // Proceedings of international conference on mechatronic science, electrical engineering and

computer (MEC), 2011:1953 - 1956.

[57] Ning G, Duan J, Su J, et al. Spectrum sharing based on spectrum heterogeneity and multi-hop handoff in centralized cognitive radio networks[C] // Proceedings of 20th conference on wireless and optical communications conference (WOCC), 2011:1 - 6.

[58] Xie M, Zhang W, K K Wong. A Geometric Approach to Improve Spectrum Efficiency for Cognitive Relay Networks[J]. IEEE Transactions on Wireless Communications, 2010, 9(1): 268 - 281.

[59] Cesana M, Cuomo F, Ekici E. Routing in cognitive radio networks: Challenges and solutions[J]. Ad Hoc Networks, 2011, 9 (3):228 - 248.

[60] Zhou X, Lin L, Wang J, et al. Cross-layer routing design in cognitive radio networks by colored multigraph model[J]. Wireless Personal Communications, 2009, 49 (1):123 - 131.

[61] Xin C, Ma L, Shen C C. A path-centric channel assignment framework for cognitive radio wireless networks[J]. Mobile Networks and Applications, 2008, 13(5):463 - 476.

[62] Shi Y, Hou Y. A distributed optimization algorithm for multi-hop cognitive radio networks[C] // The 27th IEEE Conference on Computer Communications, INFOCOM 2008, 2008:1292 - 1300.

[63] Pefkianakis I, Wong S, Lu S. SAMER: spectrum aware mesh routing in cognitive radio networks[C] // The 3rd IEEE Symposium on New Frontiers in Dynamic Spectrum Access Networks, DySPAN 2008, 2008:1 - 5.

[64] Shiang H-P, Schaar M V D. Distributed resource management in multi-hop cognitive radio networks for delay-sensitive transmission[J]. IEEE Transactions on Vehicular Technology, 2009, 58 (2): 941 - 953.

[65] Feng W, Cao J, Zhang C, et al. Joint optimization of spectrum handoff scheduling and routing in multi-hop multi-radio cognitive

networks[C] // 29th IEEE International Conference on Distributed Computing Systems, 2009:85 – 92.

[66] Chowdhury K R,Felice M D. SEARCH: a routing protocol for mobile cognitive radio ad-hoc networks[J]. Computer Communications, 2009, 32(18):1983 – 1997.

[67] Tang X, Chang Y, Zhou K. Geographical Oportunistic Routing in Dynamic Multi-hop Cognitive Radio Networks[C] // 2012 IEEE Computing, Communications and Applications Conference (Com-ComAp), 2012:256 – 261.

[68] Habak K, Abdelatif M, Hagrass H, et al. A Location-Aided Routing Protocol for Cognitive Radio Networks[C] //2013 International Conference on Computing, Networking and Communications (IC-NC), 2013.

[69] Zhang J, Yao F, Liu Y, et al. Robust route and channel selection in cognitive radio networks[C] // IEEE 14th International Conference on Communication Technology (ICCT), 2012:202 – 208.

[70] Xie L, Heegaard P E, Zhang Y, Xiang J, et al. Reliable channel selection and routing for real-time services over cognitive radio mesh networks[M] // Quality, Reliability, Security and Robustness in Heterogeneous Networks, Springer, 2010: 41 – 57.

[71] Mumey B, Tang J, Judson I R, et al. On routing and channel selection in cognitive radio mesh networks[J]. IEEE Trans Veh Technol, 2012, 61(9):4118 – 4128.

[72] Rehmani M H, Viana A C, Khalife H, et al. Surf: A distributed channel selection strategy for data dissemination in multi-hop cognitive radio networks[J]. Comput Commun, 2013, 36(10):1172 – 1185.

[73] Bayhan S, F Alagöz. A markovian approach for best-fit channel selection in cognitive radio networks[J]. Ad Hoc Networks, 2014, 12(1):165 – 77.

[74] 黄标,李景春,谭海峰,等. 认知无线电及频谱管理[M].

北京:电子工业出版社,2014.

[75] 方旭明. 对高速铁路宽带移动通信系统架构演进的思考 [J]. ZTE Technology Journal,2015,21(3):45 –49.

[76] Pirinen P. A Brief overview of 5G research activities[C] // 2014 1st International Conference on 5G for Ubiquitous Connectivity (5GU). Akaslomplo, Finland: IEEE,2014: 17 –22.

[77] Wang J, Lu Z, Ma Z, et al. I-Net: Network architecture for 5G networks [J]. IEEE Communications Magazine, 2015, 53(6): 44 –51.

[78] Xiao Y, Xiao L, Dan L, et al. Spatial modulation for 5G MIMO Ccommunication [C] // 2014 19th International Conference on Digital Signal Processing (DSP). Hong Kong: IEEE, 2014: 847 – 851.

[79] Asadi H, Volos H, Marefat M M, et al. Metacognition and the next generation of cognitive radio engines [J]. IEEE Communications Magazine, 2016, 54(1):76 –82.

[80] 陈兵,胡峰,朱琨. 认知无线电研究进展[J]. 数据采集与处理,2016, 31(3): 440 –451.

[81] Zhang Z, Zhang W, Zeadally S, et al. Cognitive radio spectrum sensing framework based on multi-agent architecture for 5G networks [J]. IEEE Wireless Communications, 2015, 22(6):34 – 39.

[82] Yang J, Chen L, Liu Q, et al. Review on key technologies in 5G mobile communication system [J]. Mobile Communications, 2015, 39(15):79 –84.

[83] 戚晨皓,黄永明,金石. 大规模 MIMO 系统研究进展[J]. 数据采集与处理,2015, 30(3): 544 –551.

[84]郭彩丽,冯春燕,曾志民,等. 认知无线电网络技术及应用[M]. 电子工业出版社,2010.

[85] Hoven N. , Sahai A. Power scaling for cognitive radio[C]

// International Conference on Wireless Networks, Communications and Mobile Computing, 2005.

[86] Cabric D, Mishra S M, Brodersen R W Implementation issues in spectrum sensing for cognitive radios[C] // Signals, Systems and Computers, Conference Record of 38th Asilomar Conference, 2004.

[87] Cabric D. , Brodersen R W. Physical layer design issues unique to cognitive radio systems[C] // IEEE 16th International Symposium on Personal Indoor and Mobile Radio Communications, 2005.

[88] Urkowitz H. Energy detection of unknown deterministic signals[J]. Proc. IEEE. 1967, 55(4) :523 –531.

[89] Digham F F, Alouini M S, Simon M K. On the energy detection of unknown signals over fading channels[C] // Communications, 2003 :3575 – 3579.

[90] Hur Y, Park J, Woo W, et al. WLC05-1 : A Cognitive radio(CR) system employing a dual- stage spectrum sensing technique : A multi-resolution spectrum sensing (MRSS) and A temporal signature detection(TSD) technique[C] // GLOBECOM. IEEE,2006.

[91] 王晨炜, 姚萌. 认知无线电的频谱感知技术研究[J]. 电子技术, 2009 ,46 (1) :44 –46.

[92] Peh E, Liang Y C. Optimization for Cooperative Sensing in Cognitive Radio Networks[C] // Wireless Communications and Networking Conference(WCNC) 2007. IEEE, 2007.

[93] Zhang W,Mallik R K,Ben Letaief K. Cooperative Spectrum Sensing Optimization in Cognitive Radio Networks[C] // IEEE International Conference on Communications,2008 :3411 – 3415.

[94] Peng Q, Zeng K, Wand J, et al. A distributed spectrum sensing scheme based on credibility and evidence theory in cognitive radio context[C] // IEEE PIMR 2006. New York : IEEE Press, 2006 : 16 – 24.

[95] Matheson R. The electrospace model as a frequency management tool[C]// International Symposium on Advanced Radio Technologies, Boulder, 2003.

[96] Arslan H. Cognitive Radio, Software Define Radio, and Adaptive Wireless Systems [M]. New York: Springer, 2007.

[97] 王金龙,吴启晖,龚玉萍等. 认知无线网络[M]. 北京: 机械工业出版社, 2010.

[98] Haykin S, Moher M. Modern Wireless Communication [M]. New York: Prentice-Hall, 2004

[99] Erceg V, Greenstein L J, Tjandra S Y, et al. An empirically based path loss model for wireless channels in suburban environments [J]. IEEE J Sel. Areas Communications, 1999, 17(7): 1205 – 1211.

[100] Cui C M, W Y. Optimization and criterions of collaborative sensing under transmission power constraint [C]// Proc. WiCOM. Chengdu, China, 2010.

[101] Liu Y, Yuan D, Jiang M, et al. Performance analysis of cooperative spectrum sensing under constrained scheme[C]// Communication Software and Networks, 2009:737 – 741.

[102] Cabric D. Addressing the Feasibility of Cognitive Radios [J]. IEEE Signal Processing Magazine, 2008,25(6):85 – 93.

[103] He Lihua, Xie Xiangzhong, Dong Xuetao, et al. Twice-Cooperative spectrum sensing in cognitive radio networks[C] // ICC 2008:3411 – 3415.

[104] 崔翠梅, 汪一鸣, 周刘蕾,等. 协同频谱感知的多维度优化及判别准则[J]. 南京邮电大学学报, 2011, 31(4):19 – 23.

[105] Kay S M. Fundamentals of Statistical Signal Processing, Volume II: Detection Theory[M]. Pearson Education, Inc.,1998.

[106] Zhao Q, Sadler B M. A survey of dynamic spectrum access[J]. IEEE Signal Processing Magazine, 2007, 24(3):79 – 89.

[107] Sahai A, Tandra R, Mishra S M, et al. Fundamental de-

sign tradeoffs in cognitive radio systems[C]//Proc. TAPAS, 2006.

[108] Cabric D, Mishra S M, Brodersen R W. Implementation issues in spectrum sensing for cognitive radios[J]. Proc. IEEE Asilomar Conference on. Signals, Systems and Computers: 772 - 776.

[109] Liang Y C, Chen K C, Li G Y, et al. Cognitive Radio Networking and Communications: An Overview[J]. IEEE Transactions on Vehicular Technology, 2011, 60(7):3386 - 3407.

[110] Wang B, Liu K J R. Advances in cognitive radio networks: A survey [J]. IEEE Journal of Selected Topics in Signal Process., 2011, 5(1): 5 - 23.

[111] Akyildiz I F, Lo B F, Balakrishnan R. Cooperative Spectrum Sensing in Cognitive Radio Networks: A Survey[J]. Physical Communication (Elsevier) Journal, 2011, 4(1): 40 - 62.

[112] Ganesan G, Li Y. Cooperative spectrum sensing in cognitive radio, Part I: Two user networks[J]. IEEE Transactions Wireless Communications, 2007, 6(6):2204 - 2213.

[113] Cui C, Wang Y. Optimization and criterions of collaborative sensing under transmission power constraint [C] // Proc. WiCOM2010, 2010:1 - 4.

[114] 崔翠梅,汪一鸣,周刘蕾,等,协同频谱感知的多维度优化及判别准则[J].南京邮电大学学报(自然科学版),2011,31(4): 19 - 28.

[115] Chaudhari S, Lunden J, Koivunen V, et al. Cooperative Sensing With Imperfect Reporting Channels: Hard Decisions or Soft Decisions? [J]. IEEE Transactions Signal Process., 2012, 60(1):18 - 28.

[116] Li L, Lu Y, Zhu H. Half-Voting Based Twice-Cooperative Spectrum Sensing in Cognitive Radio Networks[J]. Proc. WiCOM2009, 2009:1 - 3.

[117] Tengyi Z, Tsang D H K. Optimal Cooperative Sensing

Scheduling for energy-efficient Cognitive Radio Networks[J]. Proc. INFOCOM2011, 2011:2723 - 2731.

[118] Won-Yeol L, Akyildiz I F. Optimal spectrum sensing framework for cognitive radio networks[J]. IEEE Transactions Wireless Communications, 2008, 7(10):3845 - 3857.

[119] Du H, Wei Z, Yang Y, et al. Sensing overhead and average detection time mitigation for sensing scheduling algorithm[C]// 18th International Conference on Telecommunications (ICT), 2011: 216 - 220.

[120] Laneman J N, Tse D N C, Wornell C W. Cooperative diversity in wireless networks: Efficient protocols and outage behavior [J]. IEEE Transactions on Information Theory, 2004, 50(12): 3062 - 3080.

[121] Stevenson C, Chouinard G, Lei Z, et al. IEEE 802.22: The first cognitive radio wireless regional area network standard[J]. IEEE Communications Magazine, 2009, 47(1): 130 - 138.

[122] Zhang W, Mallik R K, Letaief K B. Optimization of Cooperative Spectrum Sensing with Energy Detection in Cognitive Radio Networks[J]. IEEE Transactions Wireless Communications, 2009, 8 (12):5761 - 5766.

[123] Cui C, Wang Y. Analysis and Optimization of Sensing Reliability for Relay-Based Dual-Stage Collaborative Spectrum Sensing in Cognitive Radio Networks[J]. Wireless Personal Communications, 2013,72(4):2321 - 2337.

[124] Shellhammer S, Tandra R. Performance of the Power Detector with Noise Uncertainty,IEEE 802.22 - 06/0134r0, 2006

[125] 崔翠梅,汪一鸣,朱洪波. 一种基于跨层设计的双次协同频谱感知技术[J]. 电波科学学报,2013,28(4):722 - 729.

[126] Cui C, Yang D. Throughput Optimization for Dual Collaborative Spectrum Sensing with Dynamic Scheduling[J]. Modern Physics

Letters B, 2017, 31(19 –21): 1740089

[127] Liu Y, Xie S, Yu R, et al. An Efficient MAC Protocol With Selective Grouping and Cooperative Sensing in Cognitive Radio Networks[J]. IEEE Transactions on Vehicular Technology, 2013, 62 (8):3928 –3941.

[128] Zhang J, Qi L, Zhu H. Optimization of MAC Frame Structure for Opportunistic Spectrum Access [J]. IEEE Transactions on Wireless Communications, 2012, 11(6): 2036 –2045.

[129] Zhang J, Zheng F, Gao X, et al. Which Is Better for Opportunistic Spectrum Access: The Duration-Fixed or Duration-Variable MAC Frame? [J]. IEEE Transactions on Vehicular Technology, 2015, 64(1):198 –208.

[130] Wu X, Fu N, Labeau F. Relay-Based Cooperative Spectrum Sensing Framework Under Imperfect Channel Estimation [J]. IEEE Communications Letters, 2015, 19(2): 239 –242.

[131] Won-Yeol L, Akyildiz I F. Optimal spectrum sensing framework for cognitive radio networks [J]. IEEE Transactions on Wireless Communications, 2008,7(10): 3845 –3857.

[132] Gavrilovska L, Denkovski D, Rakovic V, et al. Medium Access Control Protocols in Cognitive Radio Networks: Overview and General Classification[J]. IEEE Communications Surveys & Tutorials, 2014, 16(4): 2092 –2124.

[133] Zia M T, Qureshi F F, shah S S. Energy Efficient Cognitive Radio MAC Protocols for Ad hoc Network: A Survey[C] // 2013 UKSim 15th International Conference on Computer Modelling and Simulation (UKSim), 2013.

[134] Abbagnale A, Cuomo F. Leveraging the algebraic connectivity of a cognitive network for routing design[J]. IEEE Transactions on Mobile Computing, 2012, 11(7):1163 –1178.

[135] Anifantis E, Karyotis V, Papavassiliou S. Time-based

cross-layer adaptation in wireless cognitive radio ad hoc networks[C] // Proceedings of IEEE symposium on computers and communications (ISCC), 2011:1044 - 1049.

[136] Youssef M, Ibrahim M, Abdclatf M, et al., Routing Metrics of Cognitive Radio Networks: A Survey[J]. IEEE Communications Surveys & Tutorials, 2014, 16(1):92 - 109.

[137] Abdelaziz S, ElNainay M. Metric-based taxonomy of routing protocols for cognitive radio ad hoc networks[J]. Journal of Network and Computer Applications, 2014, 40(1): 151 - 163.

[138] Al-Rawi H A, Yau K L A. Routing in distributed cognitive radio networks: a survey[J]. Wireless Personal Communications , 2013, 69 (4):1983 - 2020.

[139] Nejatian S, Syed-Yusof S K, Latiff N M A, et al. Proactive integrated handoff management in cognitive radio mobile ad hoc networks[J]. EURASIP Journal on Wireless Communications and Networking, 2013, 224:1 - 19

[140] Liu Y, Cai L X, Shen X. Joint Channel Selection and Opportunistic Forwarding in Multi-Hop Cognitive Radio Networks[C] // Global Telecommunications Conference (GLOBECOM 2011), 2011.

[141] Habak K, Abdelatif M, Hagrass H, et al. A Location-Aided Routing Protocol for Cognitive Radio Networks[C] //2013 International Conference on Computing, Networking and Communications (ICNC), 2013.

[142] Parvin S, Fujii T. Radio environment aware stable routing for multi-hop cognitive radio networks[C] //2012 IEEE 23rd International Symposium on Personal Indoor and Mobile Radio Communications (PIMRC), 2012.

[143] Gao C, Shi Y, Hou Y T, et al. Multicast communications in multi-hop cognitive radio networks[J]. IEEE Journal on Selected Areas in Communications, 2011, 29(4):784 - 793.

[144] Chowdhury K R, Akyildiz I F. CRP: A Routing Protocol for Cognitive Radio Ad Hoc Networks[J]. IEEE Journal on Selected Areas in Communications, 2011, 29(4):794 –804.

[145] Rehman R A, Sher M, Afzal M K. Efficient delay and energy based routing in cognitive radio ad hoc networks[C] // 2012 international conference on emerging technologies (ICET), IEEE, 2012:1 –5.

[146] Wang X, Garcia-Luna-Aceves J J. Collaborative routing, scheduling and frequency assignment for wireless Ad Hoc networks using spectrum-agile radios[J]. Wireless Networks, 2011, 17(1):167 –181.

[147] Kamruzzaman S M, Kim E, Jeong D G. Spectrum and energy aware routing protocol for cognitive radio ad hoc networks[C] // 2011 IEEE International Conference on Communications (ICC2011), 2011: 1 –5.

[148] Shih C F, Liao W. Exploiting route robustness in joint routing and spectrum allocation in multi-hop cognitive radio networks [C] // IEEE Wireless Communications and Networking Conference (WCNC'2010), 2010:1 –5.

[149] Ding L, Melodia T, Batalama S N, et al. Cross-layer routing and dynamic spectrum allocation in cognitive radio ad hoc networks [J]. IEEE Trans Veh Technol, 2010, 59(4):1969 –79.

[150] Jashni B, Tadaion A A, Ashtiani F. Dynamic link/frequency selection in multi-hop cognitive radio networks for delay sensitive applications[C] // IEEE 17th International Conference on Telecommunications (ICT), IEEE, 2010: 128 –32.

[151] Badarneh O S, Salameh H B. Opportunistic routing in cognitive radio networks: exploiting spectrum availability and rich channel diversity[C] // IEEE Global Telecommunications Conference (GLOBECOM), 2011: 1 –5.

[152] Zeeshan M, Manzoor M F, Qadir J. Backup channel and cooperative channel switching on-demand routing protocol for multi-hop

cognitive radio ad hoc networks (BCCCS) [C] // In: IEEE 6th international conference on emerging technologies (ICET), 2010: 394 -9.

[153] Saleem Y, Bashir A, Ahmed E, et al. Spectrum-aware dynamic channel assignment in cognitive radio networks [C] // IEEE international conference on emerging technologies (ICET), 2012:1 -6.

[154] Cui C, Wang Y. Time Agility Optimization for Dual-Stage Collaborative Spectrum [J]. Chinese Journal of Electronics, 2014, 23 (2): 399 -402.

[155] Cui C, Man H, Wang Y, et al. Cooperative spectrum-aware opportunistic routing in cognitive Radio Ad Hoc Networks [C] // IEEE Global Conference on Signal and Information Processing, Global-SIP2014, Atlanta, GA, USA, 2014.

[156] Cui C, Man H, Wang Y. Optimal Cooperative Spectrum Aware Opportunistic Routing in Cognitive Radio Ad Hoc Networks [J]. Wireless Personal Communications, 2016, 91(1): 101 -108

[157] Caleffi M, Akyildiz I F, Paura L. OPERA: Optimal Routing Metric for Cognitive Radio Ad Hoc Networks [J]. IEEE Transactions on Wireless Communications, 2012, 11: 2884 -2894.

[158] Liu Y, Cai L X, Shen X S. Spectrum-Aware Opportunistic Routing in Multi-hop Cognitive radio Networks [J]. IEEE Journal on Selected Areas in Communications, 2012, 30(10):1958 -1968.

[159] Huang X, Lu D, Li P, et al. Coolest Path: Spectrum Mobility Aware Routing Metrics in Cognitive Ad Hoc Networks [C] // 2011 31st International Conference on Distributed Computing Systems (ICDCS), 2011.

[160] Kim H, Shin K G. Efficient Discovery of Spectrum Opportunities with MAC-Layer Sensing in Cognitive Radio Networks [J]. IEEE Transactions Mobile Computing, 2008,7(5): 533 -545.

[161] Ganesan G, Li Y. Cooperative spectrum sensing in cognitive radio: Part I: Two user networks [J]. IEEE Transactions on Wire-

less Communication, 2007,6(6):2204 - 2213.

[162] Cacciapuoti A S, Caleffi M, Paura L. A theoretical model for opportunistic routing in ad hoc networks[C] // in Ultra Modern Telecommunications Workshops, ICUMT'09, 2009:1 - 7.

[163] Cheng G, Liu Y L W, Cheng W. Joint on-demand routing and spectrum assignment in cognitive radio networks[C] // IEEE International Conference on Communications, ICC, 2007.

[164] Yang G C Z, Liu W C W, Yuan W. Local coordination based routing and spectrum assignment in multi-hop cognitive radio networks[J]. Mobile Networks and Applications, 2008,13(1 -2):67 -68.

[165] Ibrahim M, Youssef M. A Hidden Markov Model for Localization Using Low-End GSM Cell Phones[C] // IEEE ICC, 2011.

[166] Ibrahim M, Youssef M. CellSense: An Accurate Energy-Efficient GSM Positioning System[J]. IEEE Trans. Veh. Technol. , 2012, 61(1): 286 -296.

[167] Ibrahim M, Youssef M. Enabling Wide Deployment of GSM Localization over Heterogeneous Phones[C] // IEEE ICC, 2013.

[168] Alzantot M, Youssef M. Uptime: Ubiquitous pedestrian tracking using mobile phones[C] // 2012 IEEE Wireless Communications and Networking Conference (WCNC), 2012: 3204 -3209.

[169] Karp B, Kung H T. GPSR: Greedy Perimeter Stateless Routing for Wireless Networks [C] // Proc. 6th annual international conference on Mobile computing and networking, ser. MobiCom '00, 2000: 243 -254.

[170] Tang F, Barolli L, Li J. A Joint Design for Distributed Stable Routing and Channel Assignment Over Multi-Hop and Multi-Flow Mobile Ad Hoc Cognitive Networks[J]. IEEE Transactions on Industrial Informatics, 2014,10(2):1606 - 1615.

[171] Badoi C-I, Croitoru V, Prasad R. IPSAG: An IP Spectrum Aware Geographic Routing Algorithm Proposal for Multi-hop Cog-

nitive Radio Networks [C] // 2010 8th International Conference on. IEEE Communications (COMM) , 2010 : 491 – 496.

[172] Perkins C, Royer E. Ad-hoc On-demand Distance Vector Routing [C] // 1999 Second IEEE Workshop on Mobile Computing Systems and Applications (WMCSA'99) , 1999 : 90 – 100.

[173] Kim W, Gerla M, Oh S Y, et al. CoRoute : A New Cognitive Anypath Vehicular Routing Protocol [J]. Wireless Communications and Mobile Computing, 2011, 11(12) : 1588 – 1602.

[174] Kim J, Krunz M. Spectrum-Aware Beaconless Geographical Routing Protocol for Mobile Cognitive Radio Networks [C] // 2011 IEEE Global Telecommunications Conference (GLOBECOM 2011) , 2011 : 1 – 5.

[175] Habak K, Abdelatif M, Hagrass H, et al. A Location-Aided Routing Protocol for Cognitive Radio Networks [C] // 2013 International Conference on Computing, Networking and Communications (ICNC) , 2013.

[176] IMT-2020. 5G Concept [EB/OL]. http://www.imt-2020.org.cn/zh/documents/listByQuery? currentPage = 1 &content.

[177] TU-R M 2083-0. IMT vision, framework and overall objectives of the future development of IMT for 2020 and beyond [S]. ITU-R, Document 5/199-E, 2015.

[178] Agyapong P, Iwamura M, STAEHLE D, et al. Design considerations for a 5G network architecture [J]. IEEE Communications Magazine, 2014, 52(11) : 65 – 75.

[179] 张平, 陶运铮, 张治. 5G 若干关键技术评述 [J]. 通信学报, 2016, 37(7) : 15 – 29.

[180] Nokia Siemens Networks. 2020 : Beyond 4G radio evolution for the gigabit experience [S]. White paper, 2011.

[181] Cisco. Cisco visual networking index : Global mobile data traffic forecast update, 2010 – 2015 [S]. White paper, 2011.

［182］ ITU. Recommendation ITU-R M. 1225：Guidelines for evaluation of radio transmission technologies for IMT-2000［S］. 1998.

［183］ You X H, Chen G, Chen M, et al. Toward beyond 3G：The FuTURE project of China［J］. IEEE Communications Magazine, 2005,43(1):70-75.

［184］ Kim Y K, Prasad R. 4G Roadmap and Emerging Communication Technologies［S］. Artech House,2006.

［185］ 3GPP TR 36. 814. Further Advancements of E-UTRA Physical Layer Aspects. 2010.

［186］ Ericsson. Traffic and market data report［S］. White paper, 2011.

［187］ METIS. Mobile and wireless communications enablers for the 2020 information society. EU 7th Framework Programme Project, 2015.

［188］ Larsson E G, Tufvesson F, Edfors O, et al. Massive MIMO for next generation wireless systems［J］. IEEE Communications Magazine, 2014,52(2):186-195, Feb. 2014.

［189］ Lu L, Li G Y, Swindlehurst A L, et al. An overview of massive MIMO：Benefits and challenges［J］. IEEE Journal of Topics in Signal Processing, 2014,14(15):136-146.

［190］ ZENG Y, ZHANG R, CHEN Z N. Electromagnetic lens-focusing antenna enabled massive MIMO：performance improvement and cost reduction［C］//IEEE/CIC International Conference on Communica- tion in China, 2014：454-459.

［191］ 何世文,黄永明,王海明,等. 毫米波无线通信发展趋势及技术挑战［J］. 电信科学, 2017, 33(06)：11-20.

［192］ 赵国锋, 陈婧, 韩远兵, 等.5G 移动通信网络关键技术综述［J］. 重庆邮电大学学报(自然科学版),2015

［193］ NI W,COLLINGS I B. A new adaptive small-cell architecture［J］. IEEE Journal on Selected Areas in Communications,2013,31

(5):829 -839.

[194] Sharma A, Ganti R K, Milleth J. Joint Backhaul-Access Analysis of Full Duplex Self-Backhauling Heterogeneous Networks [M]. IEEE Press, 2017.

[195] KIEU T N, DO D T, XUAN X N, et al. Wireless information and power transfer for full duplex relaying networks: performance analy sis[C]//AETA 2015: Recent Advances in Electrical Engineering and Related Sciences. Springer International Publishing, 2016: 53 -62.

[196] ZHENG G. Joint beamforming optimization and power control for full-duplex mimo two-way relay channel[J]. IEEE Transactions on Signal Processing, 2015, 63(3): 555 -566.

[197] Liao Y, Wang T, et al. Listen-and-Talk: Protocol Design and Analysis for Full-Duplex Cognitive Radio Networks [J]. IEEE Transactions on Vehicular Technology, 2017,66(1): 656 -667.

[198] YANG Mao, YONG Li, JIN Depeng, et al. Software Defined and Virtualized Future Mobile and Wireless Networks: A Survey [J]. Mobile Networks and Applications,2015,20(1): 4 -18.

[199] ROST P, BERNARDOS C J, DOMENICO A D, et al. Cloud technologies for flexible 5G radio access networks[J]. IEEE Communications Magazine, 2014, 52(5): 68 -76.

[200] CHECKO A, CHRISTIANSEN H L, YAN Y, et al. Cloud RAN for mobile networks-a technology overview[J]. IEEE Communications Surveys & Tutorial, 2015,17(1): 405 -426.

[201] 陈山枝. 发展 5G 的分析与建议[J]. 电信科学,2016, 32(7):1 -10.

[202] YU C H,DOPPLER K,Riberiro C B, et al. Resource Sharing Optimization for Device-to-Device Communication Underlaying Cellular Networks [J]. IEEE Wireless Communications,2011,10(8): 2752 -2763

［203］NEIGN Golrezaei, Dimakis G. Femtocaching and Device-to-Device Collaboration: A New Architecture for Wireless Video Distribution[J]. IEEE Communications Magazine,2013,51(4):142-149.

［204］王俊义,巩志帅,符杰林,等. D2D 通信技术综述[J]. 桂林电子科技大学学报,2014,34(2):114-119.

［205］钱志鸿,王雪. 面向 5G 通信网的 D2D 技术综述[J]. 通信学报,2016,37(7):1-14.

［206］余莉,张治中,程方,等.第五代移动通信网络体系架构及其关键技术[J]. 重庆邮电大学学报(自然科学版),2014,26(4):428-433.

［207］SHAO Y L,TZU H L,KAO C Y,et al. Cooperative Access Class Barring for Machine-to-Machine Communications [J]. IEEE Wireless Communication,2012,11(1) : 27-32.

［208］方箭,李景春,黄标,等. 5G 频谱研究现状及展望[J]. 电信科学,2015,31(12) : 103-110.

［209］李芃芃,郑娜,伉沛川,等. 全球 5G 频谱研究概述及启迪[J]. 电讯技术,2017,57(6) : 734-740.

［210］ITU-R. Results of the first session of the Conference Preparatory Meeting for WRC-19 (CPM19-1). [EB/OL]. (2015-12-23) [2016-11-01. https://www. itu. int/md/R00-CA-CIR-0226/en

［211］ITU-R. ITU radio regulations(edition of 2017) [M]. Geneva: ITU-R, 2017.

［212］FCC. spectrum frontiers rules identify, open up vast amounts of new high-band spectrum for next generation(5G) wireless broadband [EB/OL]. (2016-07-14) [2016-11-01]. http://www. linkedin. com/pulse/july14-2016-spectrum-frontiers-rules-identify-open-the-odore-marcus.

［213］EC.5G for Europe Action Plan[EB/OL]. [2016-11-01]. https: // ec. europa. eu/ digital-single-market / en /5g-europe-actionplan.

[214] EC Radio Spectrum Policy Group. Progress report from the RSPG working group on a strategic roadmap towards 5G for Europe [EB/OL]. (2016-11-09) [2016-11-01]. http: // rspg-spectrum. eu / category / meetings /.

[215] 中共中央办公厅,国务院办公厅. 国家信息化发展战略纲要》[EB/OL]. (2016-07-27) [2016-11-01]. http: / / www. gov. cn / gongbao / content /2016 / content _5100032. htm.

[216] 周钰哲. 我国频谱共享的可行性研究与推进建议[J]. 电信科学,2016,5:146-151.

[217] 张冬晨,孟德香,王丽,等. TD-LTE 系统频谱共享应用的实现方案探讨[J]. 现代电信科技,2012(6):12 – 16.

[218] Badoi C I, Prasad N, Croitoru V, et al. 5G Based on Cognitive Radio [J]. Wireless Personal Communications, 2011, 57 (3): 441 – 464.

[219] 赵友平,谭焜,姚远. 认知软件无线电系统原理与实验 (第2 版) [M]. 清华大学出版社,2016.

附录 相关术语及缩略语

缩写词	英文	中文
3GPP	Third Generation Partnership Project	第三代合作伙伴计划
5G	The fifth generation of cellular wireless standards	第五代移动通信技术
ACK	ACKnowledgement	确认消息
ASA	Authorized Shared Access	授权共享接入
AWGN	Addictive White Gaussian Noise	高斯加性白噪声
CCFD	Co-Frequency Co-Time Full Duplex	同时同频全双工
CDMA	Code Division Multiple Access	码分多址
CDN	Content delivery network	内容分发网络
CSI	Channel State Information	信道状态信息
CR	Cognitive Radio	认知无线电
CRNs	Cognitive Radio Networks	认知无线电网络
CRAHNs	Cognitive Radio Ad Hoc Networks	认知无线自组织网络
D2D	Device-to-Device	终端直通
DCSS	Dual Collaborative Spectrum Sensing	双次协同频谱感知

续表

缩写词	英文	中文
DCSS-OCR	Dual Collaborative Spectrum Sensing-Opportunistic Cognitive Routing	双次协同频谱感知-机会认知路由
DV-TDMA	Dynamic Time Division Multiple Access	动态可变时分多址接入
DSA	Dynamic Spectrum Access	动态频谱接入
DSSS	Direct-Sequence Spread Spectrum	直接序列扩频
FCC	Federal Communication Commission	美国联邦通信委员会
FC	Fog Computing	雾计算
FDD	Frequency Division Duplex	频分双工
FFT	Fast Fourier Transform	快速傅立叶变换
MAC	Media Access Control	媒体接入控制
M2M	Machine to Machine	机器到机器
MEC	Mobile Edge Computing	移动边缘计算
MIMO	Multiple-Input Multiple-Output	多输入多输出
NB-IoT	Narrow Band-Internet of Things	窄带物联网
NCS	Non Cooperative Sensing	独立感知
NFV	Network Functions Virtualization	网络功能虚拟化
NOMA	Non-Orthogonal Multiple Access	非正交多址接入
IEEE	Institute of Electrical and Electronics Engineers	电气电子工程师学会
IMT-2020	International Mobile Telecommunications	5G 的法定名称
LAP	Link Available Probability	链路可用概率
LTE-A	Long Term Evolution-Advanced	先进的长期演进-4G

缩写词	英文	中文
IMT	International Mobile Telecommunication	国际移动通信
ITU-R	International Telecommunications Union-Radio Communications Sector	国际电联无线电通信部门
OCR	Opportunistic Cognitive Routing	机会认知路由
OFDM	Orthogonal Frequency Division Multiplexing	正交频分复用
OFDMA	Orthogonal Frequency Division Multiple Access	正交频分多址
OSA	Opportunistic Spectrum Access	机会频谱接入
PHY	Physical Layer	物理层
PU	Primary User	主用户
QoS	Quality of Service	服务质量
RREP	Route REPly	路由反馈
RREQ	Route REQuest	路由请求
RRSP	Route RESponse	路由应答
SCSS	Single Cooperative Spectrum Sensing	单次协同频谱感知
SDN	Software Defined Network	软件定义网络
SNR	Signal to Noise Ratio	信噪比
SIC	Successive Interference Cancelation	连续干扰消除
SU	Secondary User	次用户
TDD	Time Division Duplex	时分双工
TDMA	Time Division Multiple Access	时分多址
TD-SCDMA	Time Division-Synchronous Code Division Multiple Access	时分同步码分多址接入
UDH	Ultra Density Heterogeneous	超密集异构
WCDMA	Wideband Code Division Multiple Access	宽频码分多址
WLAN	Wireless Local Area Network	无线局域网